住房城乡建设部土建类学科
专业"十三五"规划教材

住房和城乡建设部中等职业教育建筑施工与建筑装饰专业指导委员会规划推荐教材

建筑装饰设计

（建筑装饰专业）

王芷兰　主　编
景月玲　副主编
王　萧　主　审

U0283315

中国建筑工业出版社

图书在版编目（CIP）数据

建筑装饰设计／王芷兰主编．—北京：中国建筑工业出版社，2014.12.2（2020.12重印）
住房城乡建设部土建类学科专业"十三五"规划教材．住房和城乡建
设部中等职业教育建筑施工与建筑装饰专业指导委员会规划推荐教材．
（建筑装饰专业）
ISBN 978-7-112-17601-4

Ⅰ.①建… Ⅱ.①王… Ⅲ.①建筑装饰—建筑设计—中等专业学
校—教材 Ⅳ.①TU238

中国版本图书馆CIP数据核字（2014）第292348号

居住空间装饰设计是中等职业学校建筑装饰专业绘图技能方向建筑装饰设计课程的主要内容。根据
课程标准和项目教学的特点，分为家居空间调研、平面功能布置、灯具配置、界面设计、陈设配置、装
饰方案图表现、单身公寓装饰快题设计等七个项目，通过课程项目的训练，学生能掌握居住建筑室内装
饰设计相关理论知识和专业技能，培养良好的装饰设计思维习惯，会查阅、收集相关资料；并通过建筑
装饰工程的设计方案图、室内外效果图的绘制，掌握建筑装饰与室内设计的装饰方法、步骤的设计要领，
同时会正确表达、表现设计意图。

本书图文并茂，内容详细，浅显易懂，操作性强，非常实用。

本书适合作为中等职业学校建筑装饰专业的教材，也可作为行业相关人员学习参考用书。

本书作者制作了课件，有需要的读者可发邮件至 2917266507@qq.com 免费索取。

责任编辑：陈　桦　王　惠
书籍设计：京点制版
责任校对：张　颖　关　健

住房城乡建设部土建类学科专业"十三五"规划教材
住房和城乡建设部中等职业教育建筑施工与建筑装饰专业指导委员会规划推荐教材

建筑装饰设计
（建筑装饰专业）

王芷兰　主　编

景月玲　副主编

王　萧　主　审
＊
中国建筑工业出版社出版、发行（北京海淀三里河路9号）
各地新华书店、建筑书店经销
北京京点图文设计有限公司制版
天津图文方嘉印刷有限公司印刷
＊
开本：787×1092毫米　1/16　印张：11¾　字数：270千字
2017年9月第一版　2020年12月第二次印刷
定价：**59.00**元（赠课件）
ISBN 978-7-112-17601-4
　　　　（26815）

本系列教材编委会 ◆◆◆

序言 ◆◆◆
Preface

　　住房和城乡建设部中等职业教育专业指导委员会是在全国住房和城乡建设职业教育教学指导委员会、住房和城乡建设部人事司的领导下，指导住房城乡建设类中等职业教育（包括普通中专、成人中专、职业高中、技工学校等）的专业建设和人才培养的专家机构。其主要任务是：研究建设类中等职业教育的专业发展方向、专业设置和教育教学改革；组织制定并及时修订专业培养目标、专业教育标准、专业培养方案、技能培养方案，组织编制有关课程和教学环节的教学大纲；研究制订教材建设规划，组织教材编写和评选工作，开展教材的评价和评优工作；研究制订专业教育评估标准、专业教育评估程序与办法，协调、配合专业教育评估工作的开展等。

　　本套教材是由住房和城乡建设部中等职业教育建筑施工与建筑装饰专业指导委员会（以下简称专指委）组织编写的。该套教材是根据教育部2014年7月公布的《中等职业学校建筑工程施工专业教学标准（试行）》、《中等职业学校建筑装饰专业教学标准（试行）》及其课程标准编写的。专指委的委员专家参与了专业教学标准和课程标准的制定，并将教学改革的理念融入教材的编写，使本套教材能体现最新的教学标准和课程标准的精神。教材编写体现了理论实践一体化教学和做中学、做中教的职业教育教学特色。教材中采用了最新的规范、标准、规程，体现了先进性、通用性、实用性的原则。本套教材中的大部分教材，经全国职业教育教材审定委员会的审定，被评为"十二五"职业教育国家规划教材。

　　教学改革是一个不断深化的过程，教材建设是一个不断推陈出新的过程，需要在教学实践中不断完善，希望本套教材能对进一步开展中等职业教育的教学改革发挥积极的推动作用。

住房和城乡建设部中等职业教育建筑施工与建筑装饰专业指导委员会

2015年6月

　　本书是根据教育部《中等职业学校专业建筑装饰专业教学标准》编写，主要选取居住空间类型，以建筑装饰设计课程标准为依据，以行业专家对建筑装饰专业所涵盖的岗位群进行工作任务和职业能力分析为基础，参照建筑装饰专业相关岗位的国家职业资格考核要求进行编写。

　　本书充分体现任务引领、实践导向的项目教学的设计思想，根据工作任务的需求，选择与职业能力相关的理论知识，在完成工作任务的过程中掌握建筑装饰专业相关岗位应具备的职业能力。

　　本书以学生为本，以实践性、实用性内容为主，做到文字描述深入浅出、内容展现图文并茂，通俗易懂，循序渐进，其中的教学活动设计具有可操作性、启发性、趣味性和指导性，并为教师留有根据实际教学情况进行调整和创新的空间。

　　本书学时分配建议表如下：

学时分配建议表

序号	项目	任务	建议学时（课时）	
1	一、家居空间调研	1. 装饰风格辨认	1	6
2		2. 功能分区调研	1	
3		3. 功能空间尺度调研	2	
4		4. 家居材料调研	2	
5	二、平面功能布置	1. 平面功能分区	2	12
6		2. 公共空间布置	4	
7		3. 私密空间布置	3	
8		4. 厨卫空间布置	2	
9		5. 交通及其他辅助空间布置	1	
10	三、灯具配置	1. 灯具识别	2	4
11		2. 灯具配置	2	
12	四、界面设计	1. 界面设计常用手法	6	12
13		2. 立面设计	2	
14		3. 天花设计	2	
15		4. 地面设计	2	
16	五、陈设配置	1. 家具配置	2	6

序号	项目	任务	建议学时（课时）	
17	五、陈设配置	2. 陈设品选用	4	6
18	六、装饰方案图表现	1. 平面布置图绘制	6	14
19		2. 天花平面图绘制	3	
20		3. 剖立面图绘制	5	
21	七、单身公寓装饰快题设计	1. 平面功能布置	4	10
22		2. 界面设计	2	
23		3. 装饰方案图表现	4	
总计			64	

本书由广州市建筑工程职业学校王芷兰任主编，景月玲任副主编，上海市建筑工程学校王萧任主审。参编人员是：广州市建筑工程职业学校文秀红，广州市土地房产职业学校刘怡，广州以勒设计工作室设计师林超和方荣波。项目一由文秀红编写；项目六由刘怡编写；其余部分由王芷兰、林超和方荣波编写。全书由王芷兰统稿并修改。

感谢广州市建筑工程职业学校学生林锦婷为项目五绘制了插图，张楚健为项目二绘制了部分插图，张文娜为项目六绘制了部分插图。

本书在编写过程中借鉴和引用了部分文献及一些国内外的室内设计实例和图片。在此，谨向提供设计案例的同行们表示感谢！同时也对许多从事建筑、室内设计教学的专家和老师的大力帮助表示衷心的感谢！

本书选取了广州市建筑工程职业学校08—13级学生绘制的部分作业，在此一并感谢！

由于时间仓促，编者水平有限，书中疏漏和不足之处还恳请广大读者和同行指正！

编者

目录 ◆◆◆
Contents

项目 1
家居空间调研

【项目概述】

通过参观当地住宅装饰装修项目，使学生能辨认家居空间装饰风格；能说出家居空间的功能分区；能记住家居空间各功能区的尺度；能识别家居常用的装饰装修材料，从而对家居空间装饰设计有初步的认知。

任务 1　装饰风格辨认

【任务描述】

选择一个已竣工的住宅装饰装修项目，通过现场调研学习，学生能辨认家居空间常见的装饰风格。

【任务实施】

以广州市万科华庭二期项目万科峯汇为例。

1. 了解楼盘周边环境

万科峯汇是万科华庭的二期项目，位于广州滨江边同福西路上，配套成熟，交通便利，项目总占地面积为 9929m²，以一梯四户为主（图 1-1）。

图 1-1　楼盘实景

2. 参观楼盘 01 户型样板间公共空间与交通及其他辅助空间

（1）把握界面设计

入口玄关储物柜上悬挂的装饰物和电视背景墙上的几个木制山形装饰，令人想起了中国的书法和山水画，设计师把传统的元素进行抽象提取，运用在家居装饰上，既满足人们对清雅、含蓄、端庄的东方精神境界的追求，又具有简洁写意的时代感（图 1-2，图 1-3）。

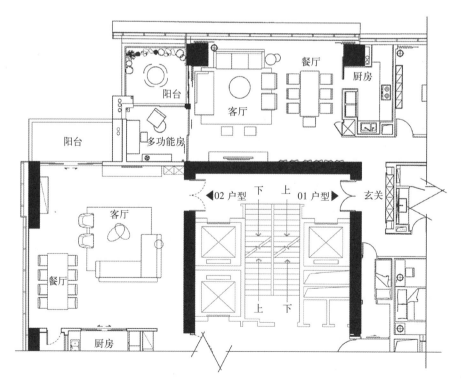

图 1-2　01 和 02 户型样板间客厅平面布置图

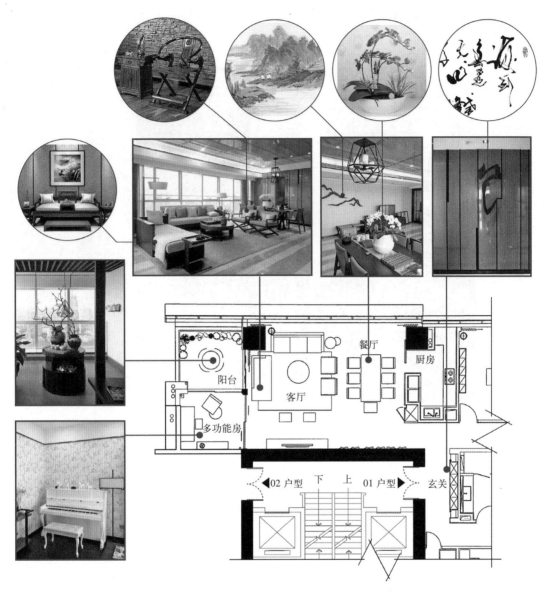

图 1-3　01 户型风格分析

通过现代手法对藻井天棚、罩、博古架、屏门、屏风的传统中式装饰构件重新演绎，运用新材料、新的构造技术把原本比较复杂的形式进行调整和变形，运用在与古代截然不同的现代室内空间里，同样能表达一种神似的意境。

图 1-4 是借鉴传统博古架和屏风，通过形式的简化、图案的重组、材料的改变等变形手法，选取一些经典的元素，抽象成为可辨认的符号，形成新的形式。

（2）分析陈设配置

01 户型样板间现代中式风格的家具，如家庭团聚中心的一组沙发、茶几、餐桌、阳台上品茶台等，都能看出传统家具的造型元素，薄木贴面、大面板结构的运用，缓解了传统红木原材料的紧张，保护了环境。

图 1-4　传统和现代的博古架、屏风

餐厅悬挂的灯具，用金属材料做成框架，灯具发光部分处理成蜡烛样式，沙发旁的落地灯、脚几上的台灯也是使用金属材料做支撑，样式简洁时尚。餐桌上兰花、阳台上的桃花干枝、陶罐、花瓶、餐桌上的烛台、茶具等陈设品，都是熟悉的中式风格，只是将传统样式用现代手法，重新演绎组合，设计出具有现代感的陈设品。

（3）分析空间色彩

玄关、客厅储物柜采用黄色饰面板，家具采用深棕色，地砖是用浅黄和浅灰的颜色相间组合成条形图案，大面积天花外贴黄色饰面板，虽然不是以中国红为主色调，但整体色彩沉稳大气，体现了现代中式高雅脱俗的气质。

3. 确定空间装饰风格

根据空间界面设计、室内陈设配置以及色彩设计等特点，通过分析，确定此空间装饰风格为现代中式风格。

【学习支持】

不同风格的室内设计，在室内布置、界面设计、家具选用、陈设配置等方面都能体现不同的文化特征。根据时代变迁和地域文化特征，室内设计的风格一般可分为：传统风格、现代风格、后现代风格、自然风格以及混搭风格等。传统风格里按地域又可分为欧式风格、亚洲（中式风格、日式、东南亚风格）风格等，每种传统风格发展到现在，又带有很鲜明的时代特征。

1. 欧式风格

（1）按不同时期分类

古典欧式风格按不同的时期常被分为：古代时期（古埃及、古希腊、古罗马）风格、中古时期（仿希腊、罗马时期具和哥特式）风格、文艺复兴时期风格、巴洛克及洛可可风格、新古典风格等。

古典欧式风格强调线条流动的感觉，常以兽腿、花束及螺钿雕刻来装饰家具，充满动感。经常选用华丽多彩的织物如地毯、窗帘、水晶灯具、油画等陈设品，喜用石材、墙布、石膏线条等装饰材料，色彩丰富，做工精湛，室内装饰显得豪华富丽（图1-5）。

图 1-5 欧式传统的装饰元素

现代欧式风格，是近年来室内设计中流行的风格之一，主要借用古典建筑的装饰语汇，通过对经典的欧式建筑线条、柱式等精心提炼，对传统复杂装饰予以抽象化处理，体现古典风格的比例、尺度及构图原理等精神，既显豪华气派，又融入了现代简洁的时尚气息（图 1-6，图 1-7）。

图 1-6　现代欧式风格　　　　　　　　　　　图 1-7　现代欧式风格

（2）按照不同地域分类

按照地域文化的不同则分为地中海风格、北欧风格、法国风格、英国风格、美式风格等。

地中海风格以白灰泥墙、连续的拱廊与拱门、陶砖、木质门窗等为主要设计元素，多用饱和度强的蓝色与白色为主色，配以黄、蓝紫、绿、红褐等色彩。地面则多铺赤陶或石板。窗帘、桌巾、沙发套、地毯等喜用素雅的条纹格子图案。铁艺家具、灯具、贝壳、鹅卵石、爬藤类植物以及绿色盆栽都是经常选用的陈设品（图 1-8，图 1-9）。

图 1-8　地中海风格的陈设品　　　　　　　　图 1-9　地中海以蓝色和白色为主色调

2. 东南亚风格

东南亚风格崇尚自然，注重手工艺，在材料的选用上，常用木、棉麻、竹、藤等材质，整体的色调为棕色，用紫，蓝，粉等鲜艳的点缀色，注重植物陈设配置，呈现出充满生机的自然风情（图1-10，图1-11）。

图 1-10　东南亚风格以棕色为主
　　　　　色调

图 1-11　东南亚风格多用自然材质

3. 现代风格

现代风格重视功能和空间组织，注意表达结构本身的形式美，反对多余的装饰，讲究材料自身性能的表达，强调设计与工厂生产的关系。广义的现代风格泛指造型简洁新颖，具有时代感的室内装饰风格，如北欧风格也是一种现代风格，常用木材、石材、玻璃和铁艺等装饰材料，家具注重功能，线条简练，工艺精湛，多用明快的中性色，整体装饰呈现出现代、实用、精美的特征（图1-12，图1-13）。

图 1-12　简洁的现代风格

图 1-13　北欧风格实用精美

4. 后现代风格

后现代主义这个词用来描述对现代风格纯理性主义的批判，强调室内设计应具有历史的延续性，把传统构件的元素进行提取，采用夸张、变形、断裂、折射、错位、扭曲等手法，重新组合在一起，创造出富有人情味、融感性与理性、集传统与现代于一体的风格特征（图1-14，图1-15）。

图 1-14　后现代风格的装饰多元化　　　　图 1-15　后现代风格的装饰多元化

5. 自然（田园）风格

自然（田园）风格强调地方特色或民俗风格，推崇自然美，因地制宜选用木料、石材等当地的天然材料，显示材料的纹理，注重绿化配置，力求表现悠闲舒畅的生活情趣，满足现代人回归自然的心理需要（图1-16，图1-17）。

图 1-16　自然（田园）风格强调地方特点　　　图 1-17　自然（田园）风格多用天然材料

6.混搭风格

混搭风格把多元化的装饰元素灵活配搭，巧妙地组合在一起，显示出不同的文化交融，产生视觉上的冲击，体现出不同风格设计元素之间的交流与对话，满足不同群体多元化的需求（图 1-18，图 1-19）。

图 1-18　混搭风格（1）　　　　　　图 1-19　混搭风格（2）

【实践活动】

根据 02 户型客厅，说出该家装具体是哪种风格，并说明依据（图 1-20）。

【活动评价】（表 1-1）

表 1-1

序号	评分项目	配分	评价主体与权重			得分（100%）	总分
			学生自评（10%）	小组互评（20%）	教师评分（70%）		
1	风格辨认	50					
2	风格特点	50					
	评价人签名						

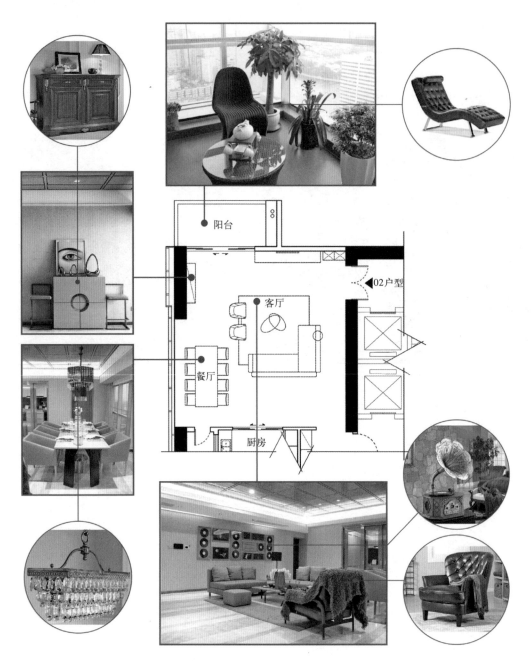

图 1-20　02 户型风格分析

任务 2　功能分区调研

【任务描述】

通过调研 02 户型样板间，能辨认出家居空间的各个功能区，根据各空间的功能定位，能说明各分区的一般功能及使用要求，以及彼此之间的关系。

【任务实施】

1. 辨认样板间功能分区

图 1-21 是万科峯汇高层住宅 02 户型样板间的平面图，从图中我们可以把家居空间分为公共空间、私密空间、厨卫空间、交通及其他辅助空间等几个部分。

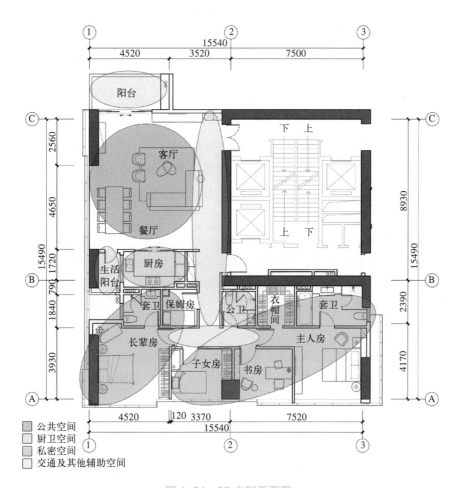

图 1-21　02 户型平面图

2. 指出公共空间有哪些功能

在这几个主要功能空间中，公共空间离入户门最近，从图中可以看到其中包括客厅、餐厅等（图1-22）。

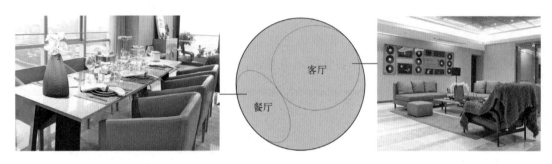

图 1-22 02 户型公共空间

（1）客厅

客厅是家庭群体活动的主要空间，具有多功能的特点。它是家人团聚、起居、休息、会客、娱乐、进行视听等活动的场所。除睡觉、就餐以外，其余的休息时间几乎都是在客厅中度过的。

（2）餐厅

餐厅是日常用餐的场所，餐厅的设计应该靠近厨房，方便主人拿取食物和餐后收拾碗筷，餐厅可做成独立和开敞两种方式。

3. 指出私密空间有哪些功能

私密空间一般远离入户门和公共空间，以保证有足够安静的休息和学习环境。私密空间包括主卧室（带卫生间）、儿女卧室、老人卧室、客房、保姆房、书房等。一般卧室都包括睡眠区、储藏衣物区、阅读区这三个区域（图1-23）。

（1）主卧室

主卧室除主要用于睡眠休息的功能外，有的会设置单独的卫生间、衣帽间、供女主人使用的梳妆台等。面积小的户型，如果没有条件设书房，在主卧室内可布置书桌和小型悬挂式书柜。

（2）儿女卧室

儿女卧室要根据性别、年龄、兴趣爱好具体布置，满足他们的性格特点和心理要求，为他们营造一个属于自己的空间，使他们能自主地安排自己的学习和生活起居，逐步培养他们的独立意识。

（3）客房（老人卧室）

客房装修宜简洁大方，有时也可提供给主人的父母居住，房间要有充足的日照，通风良好，避免干扰，家具尺度要合适。

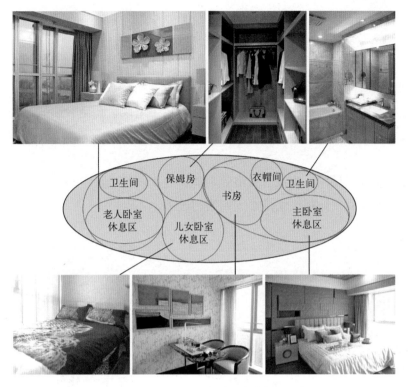

图 1-23　02 户型私密空间

（4）保姆房

保姆房内通常设置 900mm 宽的单人床，床头柜上可放台灯，房间配置一个衣柜，面积较大的户型还考虑有供工人单独使用的卫生间。

（5）书房

书房的设置需要考虑到朝向、采光、景观、私密性等要求，以保证书房的环境质量。书房通常与主卧室的位置比较接近，有时可以和主卧室放在一起，中间用隔断把空间分成既相对独立又方便联系的两部分。

4. 指出厨卫空间有哪些功能

厨卫空间一般介于公共空间和私密空间之间，包括公用卫生间、厨房等（图 1-24）。

（1）厨房

厨房通常包含储藏、洗涤、配餐、烹调四个区域，也有的依据建筑平面布置，将用餐区纳入进来，形成可以用餐的厨房。

1）储藏区

储藏区需要有足够的空间来储放生熟食品、调味品、餐具等，这就需要配备冰箱和各种橱柜以及工具箱、回收利用箱等。

2）洗涤区

洗涤区需要有良好的供、排水系统、储水装置、洗涤设备。

3）配餐区

配餐区设置一定量的配餐工作台，不但可作为配餐用，还要能放置电动切削机、粉碎机等设备。

4）烹调区

烹调区主要由炉灶、微波炉、电饭锅、烘烤箱等组成，为免除油烟污染，还需要安装排油烟机和通风扇。

（2）卫生间

卫生间一般包括用厕、盥洗、洗浴等功能。卫生间的设计可根据面积大小，设计干湿区分离。卫生间的设计要注意排水、照明和通风。

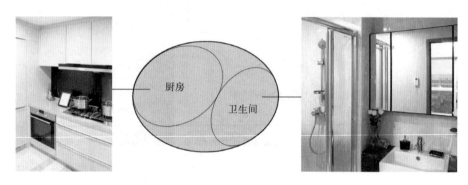

图 1-24 02 户型厨卫空间

5. 指出交通及其他辅助空间有哪些功能

交通及其他辅助空间包括过道、过厅、户内楼梯以及利用过道过厅一些可利用的空间设置的储物、壁龛等（图 1-25）。

（1）玄关

门厅是进入住宅空间的必经之路，它是一个过渡空间。在功能上常作为存放鞋帽、雨具、外衣的场所，在心理上起到稳定情绪、暗示行为的作用。

（2）景观阳台

景观阳台一般与客厅相连，阳台上可设置花卉盆栽、休闲桌椅，可以欣赏户外的美景，在客厅里也能欣赏阳台的景致。

（3）服务阳台

有条件的家庭一般把洗衣机放在服务阳台上，方便洗衣及晾晒衣物，阳台上还可放置地拖、水桶等清洁用具。

过道或过厅是户内房间联系的枢纽，避免房间穿套，合理优化房间开门位置，通往起居室、卧室的过道净宽不宜小于 1m，当通往辅助用房时不小于 0.9m。

过道和过厅有时会出现一些边角空间，在不影响使用的前提下可以设置吊柜，壁龛、壁柜等，当走道过长时，有时可改变墙体位置设置对景台，摆放陈设品，改善景观。

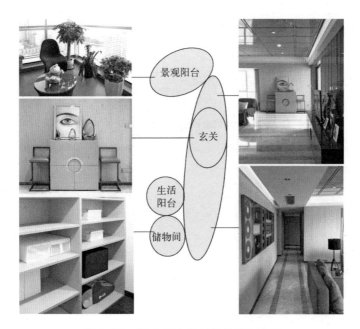

图 1-25　02 户型交通及其他辅助空间

【实践活动】

总结样板间每个空间具体有哪些功能要求，对样板间几个功能空间进行细化，在图 1-21 的基础上，画出具体功能分区气泡图（参考图 1-26）。

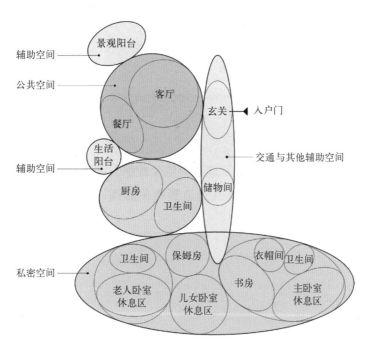

图 1-26　02 户型功能细化分区气泡图

【活动评价】（表 1-2）

表 1-2

序号	评分项目	配分	评价主体与权重			得分（100%）	总分
			学生自评（10%）	小组互评（20%）	教师评分（70%）		
1	公共空间理解	40					
2	私密空间理解	30					
3	厨卫空间理解	20					
4	交通及其他辅助空间	10					
	评价人签名						

任务 3　功能空间尺度调研

【任务描述】

　　通过测绘，能记录主要功能区（公共空间、私密空间、厨卫空间、交通及其他辅助空间等）中家具及通道等相关数据，初步了解人体工程学中常用的尺寸。

【任务实施】

1. 测量 02 户型公共空间中家具及通道等相关数据，并填写在图纸上（图 1-27）。

2. 测量 02 户型私密空间中家具及通道等相关数据，并填写在图纸上（图 1-28，图 1-29）

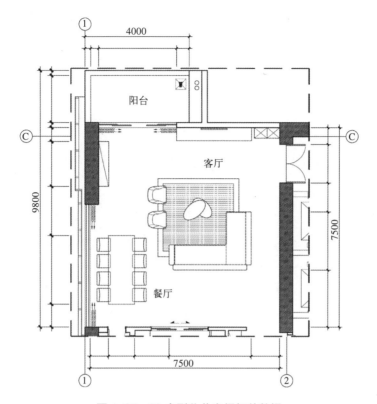

图 1-27　02 户型公共空间相关数据

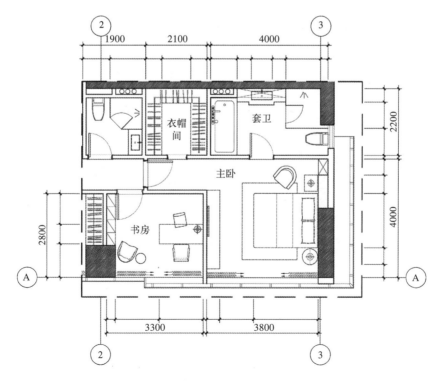

图 1-28　02 户型主卧室和书房的相关数据

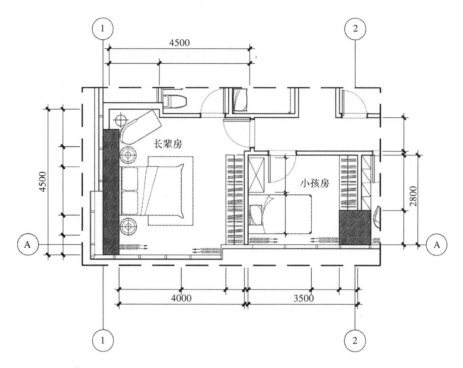

图 1-29　02 户型老人卧室和儿女卧室的相关数据

3. 测量厨卫空间中的相关数据，并填写在图纸上（图 1-30）。

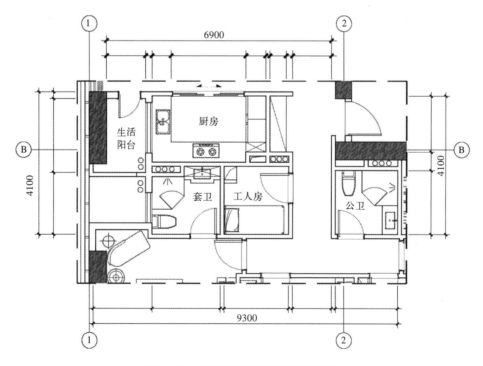

图 1-30　02 户型厨卫空间的相关数据

【学习支持】

1. 住宅按层数划分如下：

（1）低层住宅为一层至三层；

（2）多层住宅为四层至六层；

（3）中高层住宅为七层至九层；

（4）高层住宅为十层及以上。

2. 套型

普通住宅套型分为一至四类，其居住空间个数和使用面积不宜小于规定（表1-3）。

套型分类（使用面积均未包括阳台面积）　　　　表 1-3

套型	居住空间数（个）	使用面积（m²）
一类	2	34
二类	3	45
三类	3	56
四类	4	68

3. 层高和室内净高

（1）普通住宅层高宜为 2.80m。

（2）卧室、起居室（厅）的室内净高不应低于 2.40m，局部净高不应低于 2.10m，且其面积不应大于室内使用面积的 1/3。

（3）厨房、卫生间的室内净高不应低于 2.20m。

4. 过道、贮藏空间和套内楼梯

（1）套内入口过道净宽不宜小于 1.20m；通往卧室、起居室（厅）的过道净宽不应小于 1m；通往厨房、卫生间、贮藏室的过道净宽不应小于 0.90m，过道在拐弯处的尺寸应便于搬运家具。

（2）套内吊柜净高不应小于 0.40m；壁柜净深不宜小于 0.50m；设于底层或靠外墙、靠卫生间的壁柜内部应采取防潮措施；壁柜内应平整、光洁。

5. 门窗

（1）外窗窗台距楼面、地面的高度低于 0.90m 时，应有防护设施，窗外有阳台或平台时可不受此限制。窗台的净高度或防护栏杆的高度均应从可踏面起算，保证净高 0.90m。

（2）住宅户门应采用安全防卫门。向外开启的户门不应妨碍交通。

（3）各部位门洞的最小尺寸应符合下面规定（表1-4）。

门洞最小尺寸 表1-4

类别	洞口宽度（m）	洞口高度（m）
公用外门	1.20	2.00
户（套）门	0.90	2.00
起居室（厅）门	0.90	2.00
卧室门	0.90	2.00
厨房门	0.80	2.00
卫生间门	0.70	2.00
阳台门（单扇）	0.70	2.00

【实践活动】

学生宜分成四大组，分别测绘公共空间、私密空间1（主卧室和书房）、私密空间2（老人和儿女卧室）、厨卫空间的家具和通道等人体工程学常用尺寸，分组填写在图1-27～图1-30中。

【活动评价】（表1-5）

表1-5

序号	评分项目	配分	评价主体与权重			得分（100%）	总分
			学生自评（10%）	小组互评（20%）	教师评分（70%）		
1	公共空间测量	100					
2	私密空间1测量	100					
3	私密空间2测量	100					
4	厨卫空间测量	100					
	评价人签名						

任务4 家居材料调研

【任务描述】

通过调研分析地面材料、墙面材料、天花材料，学生能识别居住空间装饰装修设计中常用的材料。

【任务实施】

1. 识别公共空间中使用的装饰装修材料，并填写记录表（图 1-31）

空间	功能	界面	选材描述
公共空间	厅	天花	饰面板造型吊顶为主，不锈钢腰线 ■
		墙身	墙纸，局部饰面板 ■
		地面	石材及不锈钢踢脚线 ■

图 1-31　02 户型公共空间使用的装饰装修材料

2. 识别私密空间中使用的装饰装修材料，并填写记录表（图 1-32）

3. 识别厨卫空间中使用的装饰装修材料，并填写记录表（图 1-33）

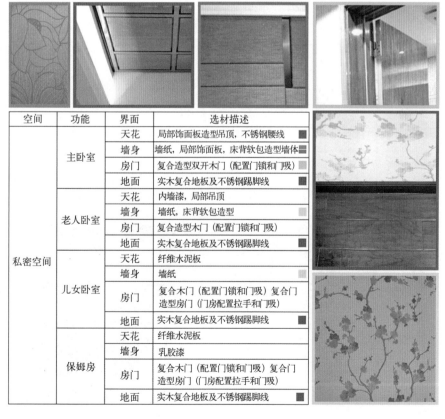

空间	功能	界面	选材描述
私密空间	主卧室	天花	局部饰面板造型吊顶，不锈钢腰线 ■
		墙身	墙纸，局部饰面板，床背软包造型墙体 ■
		房门	复合造型双开木门（配置门锁和门吸）■
		地面	实木复合地板及不锈钢踢脚线 ■
	老人卧室	天花	内墙漆，局部吊顶
		墙身	墙纸，床背软包造型 ■
		房门	复合造型木门（配置门锁和门吸）
		地面	实木复合地板及不锈钢踢脚线 ■
	儿女卧室	天花	纤维水泥板
		墙身	墙纸 ■
		房门	复合木门（配置门锁和门吸）复合门造型房门（门房配置拉手和门吸）
		地面	实木复合地板及不锈钢踢脚线 ■
	保姆房	天花	纤维水泥板
		墙身	乳胶漆
		房门	复合木门（配置门锁和门吸）复合门造型房门（门房配置拉手和门吸）
		地面	实木复合地板及不锈钢踢脚线 ■

图 1-32　02 户型私密空间使用的装饰装修材料

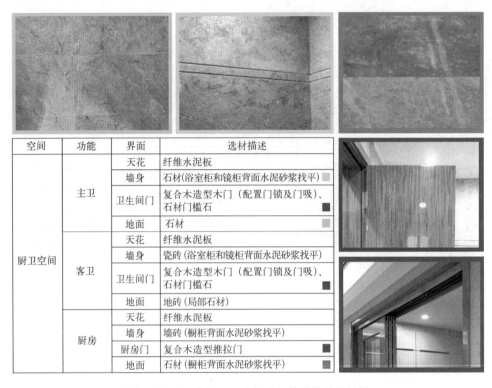

空间	功能	界面	选材描述
厨卫空间	主卫	天花	纤维水泥板
		墙身	石材(浴室柜和镜柜背面水泥砂浆找平) ■
		卫生间门	复合木造型木门（配置门锁及门吸）、石材门槛石 ■
		地面	石材 ■
	客卫	天花	纤维水泥板
		墙身	瓷砖(浴室柜和镜柜背面水泥砂浆找平)
		卫生间门	复合木造型木门（配置门锁及门吸）、石材门槛石 ■
		地面	地砖(局部石材)
	厨房	天花	纤维水泥板
		墙身	墙砖(橱柜背面水泥砂浆找平)
		厨房门	复合木造型推拉门 ■
		地面	石材(橱柜背面水泥砂浆找平) ■

图 1-33　02 户型厨卫空间使用的装饰装修材料

4. 识别交通及其他辅助空间中使用的装饰装修材料，并填写记录表（图 1-34）

空间	功能	界面	选材描述
交通及其他辅助空间	交通空间	天花	纤维水泥板
		墙身	墙纸 ■
		地面	石板及不锈钢踢脚线 ■
	景观阳台生活阳台	天花	格栅吊顶；顶面混凝土，面刷黑漆 ■
		墙身	外墙漆，铝合金扶手玻璃栏杆 ■
		门扇	铝合金玻璃推拉门 ■
		地面	瓷砖及瓷砖踢脚线，局部不锈钢踢脚线 ■

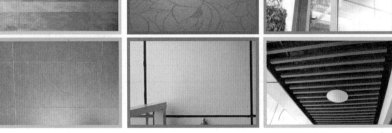

图 1-34　02 户型交通及其他辅助空间使用的装饰装修材料

5. 填写家具设备陈设表（图 1-35）

家私	卫生间	浴室柜	
	主卧	组合衣柜	
	客餐厅	玄关柜	
厨房设备	厨房设备	橱柜	人造石英石台面、不锈钢水槽及水龙头
		烟道	成品烟道
		净水器	净水器（含热饮功能）
		燃气	燃气管入户、厨房配燃气灶气闸。燃气泄漏报警探测器
	电器		嵌入式双开门冰箱、燃气炉、抽油烟机、消毒柜、微波炉
卫生间	洁具		马桶、洗脸盆、浴缸（主卫配送）
	其他		毛巾杆、纸巾架、淋浴龙头、洗面盆龙头、淋浴屏、浴缸龙头
插座电器开关			户内总电源配电箱、房间安装开关和插座
灯饰			户内走廊安装筒灯、LED 射灯、客厅、餐厅、卧室吊顶安装筒灯、LED 射灯、（餐厅预留吊灯电源）厨房、卫生间安装防雾筒灯、LED 射灯、阳台安装吸顶灯、客厅、主卧灯槽安装 LED 灯带

图 1-35　家具设备陈设表

【实践活动】

学生宜分成四大组，在完成任务三的测绘之后，分别填写公共空间、厨卫空间、私密空间、交通及其他辅助空间的装饰装修材料名称表以及家具设备陈设表。

【活动评价】（表 1-6）

表 1-6

序号	评分项目	配分	评价主体与权重			得分（100%）	总分
			学生自评（10%）	小组互评（20%）	教师评分（70%）		
1	公共空间材料识别	40					
2	私密空间材料识别	30					
3	厨卫空间材料识别	20					
4	交通及其他辅助空间材料识别	10					
	评价人签名						

项目 2
平面功能布置

【项目概述】

通过布置给定家居的平面，学生能说明家居各功能分区（公共空间、私密空间、厨卫空间、交通及其他辅助空间）的特点及使用要求，记住各功能区家具、交通交往尺度等相关人体工程学数据，能说明承重和围护结构、烟道和管井、墙体与隔断、门窗、标高等房屋建筑概念，能根据设计任务书要求结合建筑结构与构造、设施与设备特征，调整和优化建筑空间布局，绘制平面布置图。

任务 1　平面功能分区

【任务描述】

通过该任务的实践，学生能说出公共空间、私密空间、厨卫空间、交通及其他辅助空间各自的内容；知道各分区之间的关系，能绘制气泡图。

【任务实施】

1. 布置设计任务书

按照所附家居平面图，运用室内设计原理，完成其平面功能分区（图 2-1）。

（1）业主功能需求

居住一家三口，一对夫妇及读高中的女儿，男主人从商，女主人为家庭主妇，酷爱插花艺术。要求装修风格典雅，摆设插花点缀，需要一间书房。

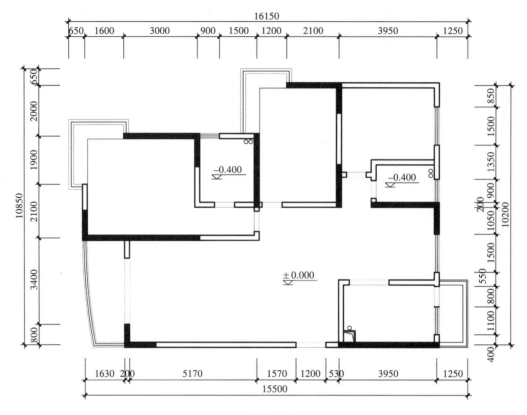

图 2-1　任务书原始平面图

（2）户型基本信息

◆　本平面为三房两厅，一厨两卫，两个阳台。

◆　除建筑结构、外墙（含外门窗）、厨卫位置，其余内墙可根据设计需要进行合理调整；

◆　厨卫位置及排污、排水、排烟管道位置，已在"原建筑平面图"中标明；

◆　室内天花净高 2.9m，主要的梁已在"原建筑天花图"中标明了尺寸及高度；

（3）设计要求

布置户型中公共空间的平面，按 1:50 的比例绘制平面草图，要求布置家具及陈设物件等。

2.教师讲解示范案例

（1）绘制平面气泡图

有一套家居设计，业主一家三口，一对夫妇及读高中的儿子，男主人从事教育工作，女主人是钢琴艺术家，儿子爱好美术，需要一间书房。除建筑结构、外墙（含外门窗）、厨卫位置，其余内墙可根据设计需要进行合理调整。

◆　划分平面功能区域

首先根据平面管井、烟道等可以确定厨房、卫生间、服务阳台等所在，根据这两部分又大致可以决定厨卫空间的整体位置，根据客户的要求，决定厨卫空间是否包括储藏间、保姆房等。公共空间是日常生活中使用频繁的一个区域，应该布置在离主入口较近的地方，出入比较方便。为了方便日常生活的使用，公共空间与厨卫空间应相邻布置。私密空间一般远离入户门，以保证有足够安静的休息和学习环境，不宜与厨卫空间相邻，因为从事家务活动时会产生一定的噪音，给卧室、书房等私密空间带来影响（图 2-2）。

◆ 细化每个功能区域

根据客户的要求，决定每个功能区域包括的内容。公共空间包括有玄关、客厅、餐厅、品茶区、吧台区、钢琴区等，厨房应与餐厅相邻，方便上菜及饭后收拾碗筷。要注意公用卫生间门的位置，不宜正对客厅。私密空间包括有主卧室、儿女卧室和书房。书房宜和主卧室相邻，方便主人的使用（图 2-3）。

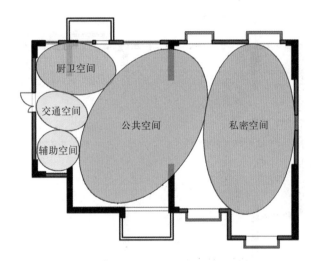

图 2-2 功能分区气泡图

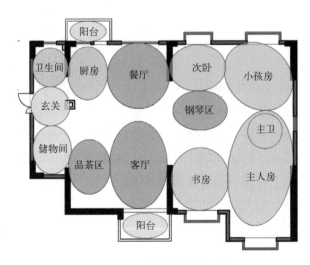

图 2-3 细化每个功能区域

（2）绘制流线分析图

绘制流线分析图可以帮助我们更好地划分各个功能空间，能避免我们在设计时产生过多不合理的通道。如果一个居室中流线设计不合理，会使空间的功能分区混乱，动静不分，有限的空间会被零散分割，浪费居室面积，家具的布置也会受到限制。

厨房流线主要是主人或者保姆进行家务劳动的行动流线，厨房通常与生活阳台连在一起，私密空间流线主要存在于卧室、书房等需要安静的空间，书房也可以设置在主人卧室中，形成一个相对独立的学习和工作区域。

公共空间流线主要指由入口进入客厅、餐厅、休闲区等空间的行动路线，不应穿过私密空间，以免影响家人休息。品茶区和客厅设计在一起，可成为接待客人的区域，不会影响到厨房流线和私密空间流线（图 2-4）。

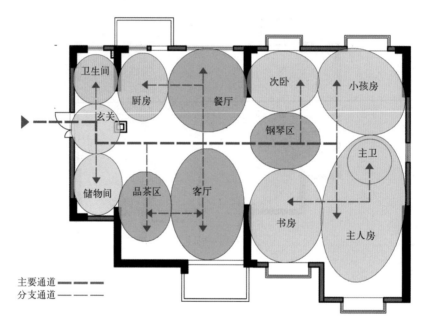

图 2-4　流线分析图

（3）在平面图上确定房间分隔

在气泡图和流线图的基础上，用墙体或玻璃、纱帘、屏风等轻隔断来分隔空间。要根据原始天花图查清梁的位置，墙体砌上后，最好平梁底，避免出现类似在卧室正中间的位置天花有条梁的情况。根据确定好的流线来确定房门具体的位置，避免穿套。书房在主人独立使用的情况下可以不用设置太过封闭的实墙，比如使用玻璃来分隔能使主人卧室显得更为开阔（图 2-5）。

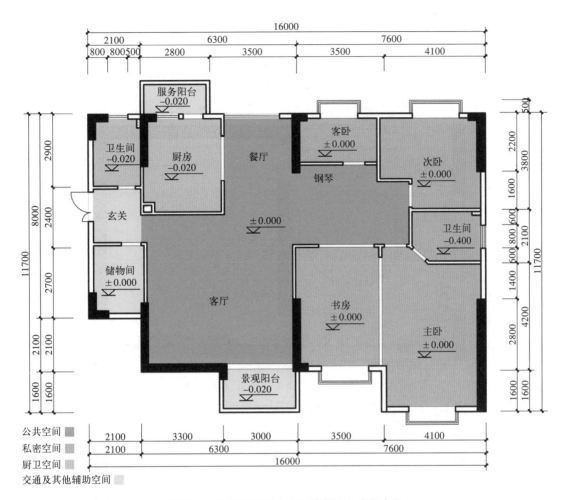

图 2-5　在气泡图和流线图的基础上分隔房间

（4）同一户型不同方案和流线的比较

图 2-6 是项目一 02 户型样板间的另一个平面方案图，与样板间不同的地方有以下几方面：

A 部分：保留客厅大空间，与餐厅区域有较好的关系，沙发背后的屏风增加围合感。

B 部分：增加了品茶和弹琴区域，充分利用了客厅的空间。

C 部分：增加玄关空间，使入口有良好的景观。

D 部分：增加餐柜，与餐桌有良好的对景关系。

E 部分：结合衣柜处理，提高了因建筑柱体产生边角空间的使用率。

F 部分：在满足使用的情况下，减小衣帽间及卫生间的进深，扩大了卧室空间。

G 部分：主卧室和书房之间采取玻璃隔断，房间显得宽敞明亮。

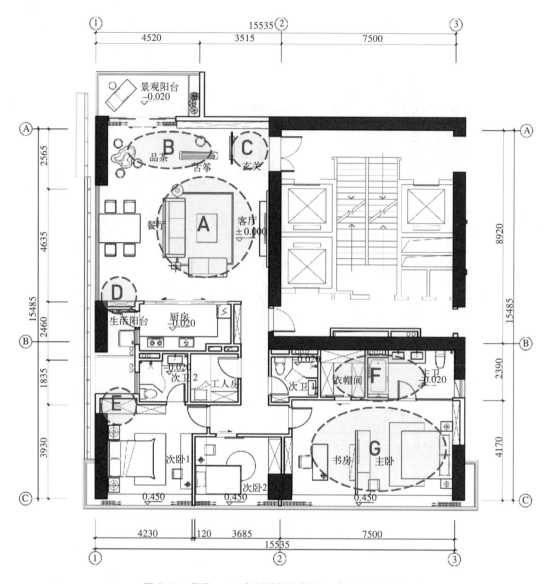

图 2-6　项目一 02 户型样板间的另一个平面方案图

图 2-7 是方案图对应的流线分析图。

【实践活动】

根据任务书的原始平面图（图 2-1），结合客户的需求，绘制平面功能分区气泡图及流线图。

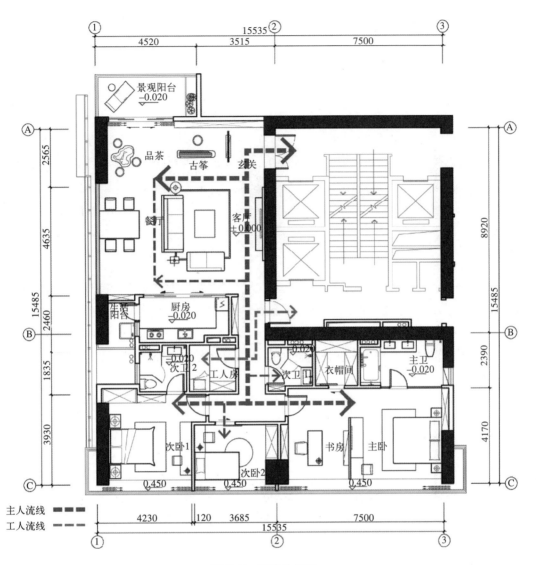

图 2-7　流线分析图

【活动评价】（表 2-1）

表 2-1

序号	评分项目	配分	评价主体与权重			得分（100%）	总分
			学生自评（10%）	小组互评（20%）	教师评分（70%）		
1	气泡图分区	60					
2	流线图分析	40					
	评价人签名						

任务 2　公共空间布置

【任务描述】

　　通过该任务的实践，学生能说明家居公共空间的特点及使用要求，记住其家具、交通交往尺寸等相关人体工程学数据，能按比例绘制平面布置草图。

【任务实施】

1. 布置任务

在任务一完成的平面功能气泡图的基础上，运用室内设计原理，完成公共空间的装饰设计，按 1:50 的比例绘制平面草图，要求布置家具及陈设物件等。

2. 教师讲解示范案例

（1）客厅的使用要求、家具及通道的尺寸，相关人体工程学尺寸。

（2）餐厅的类型及相关人体工程学尺寸。

（3）休闲娱乐区域常见功能的分析。

【学习支持】

1. 客厅设计

客厅是整套家居中最能反映主人的品位及涵养的空间，应该有鲜明的风格和性格，同时具有温馨的居家气氛，要求尽可能保证充足的面积、适宜的尺度、良好的通风采光、合理的照明配置，低矮的空间会给人压抑的感觉，所以在客厅的设计尤其是天花设计中，要注意空间的高度（图 2-8）。

图 2-8　客厅设计能反映主人的喜好

客厅的家具应根据该室内活动和功能性质来布置，其中最基本的要求是设计包括茶几在内的一组休息、谈话用的沙发，以及电视、音响、书报等设备用品。客厅的沙发布置形式很多，一般以长沙发为主，排成一字形、L 形、U 形和双排形（图 2-9）。

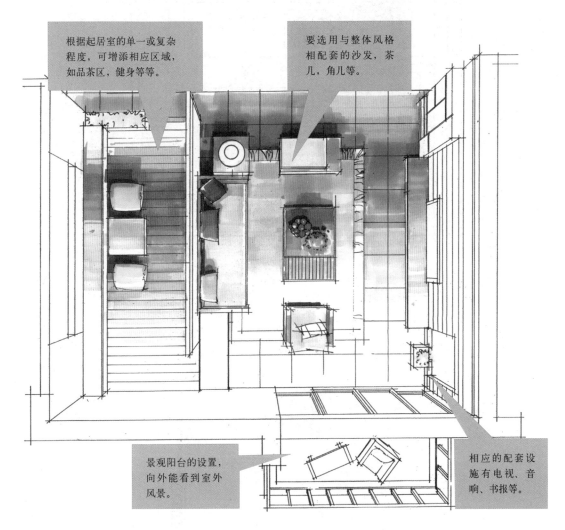

根据起居室的单一或复杂程度，可增添相应区域，如品茶区，健身等等。

要选用与整体风格相配套的沙发，茶几，角几等。

景观阳台的设置，向外能看到室外风景。

相应的配套设施有电视、音响、书报等。

图 2-9 客厅示意图

当一个客厅的开间有 3m，进深有 3.6m 时，就能满足最基本的需求（图 2-10），如果开间大于 4m，一般可以根据家庭的特点增加一个区域，如品茶、阅读、健身、儿童游戏等（图 2-11）。

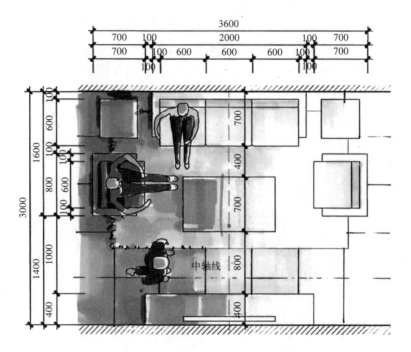

图 2-10　客厅平面尺寸图（1）

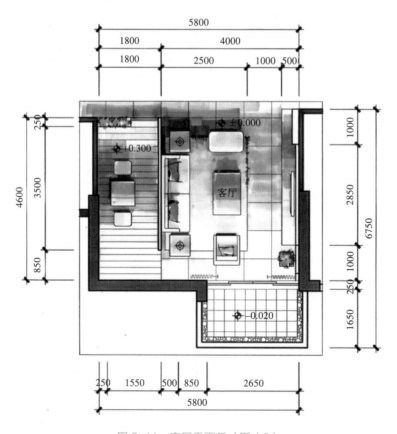

图 2-11　客厅平面尺寸图（2）

电视机悬挂的高度应该在使用者就座后，视线正好落在电视屏幕中心。以坐在沙发上看电视为例，坐面高 400mm，坐面到眼的高度在 700 ～ 800mm 左右，测下来屏幕中心到地面的高度约为 1200mm（图 2-12）。

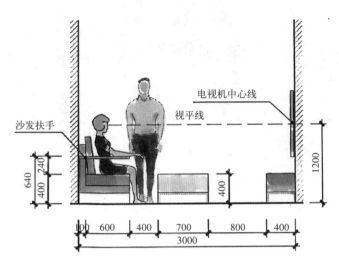

电视机中心线
视平线
沙发扶手

图 2-12　电视机的悬挂高度

2. 餐厅设计

在现代家庭中，餐厅是全家人共同进餐的地方，也是宴请亲朋好友、交谈与休息的地方。一般而言，就餐环境的气氛要比睡眠、学习等轻松活泼一些，要营造一种温馨祥和的气氛，以满足家庭成员的一种聚合心理（图 2-13，图 2-14）。

图 2-13　餐厅要有温馨祥和的气氛

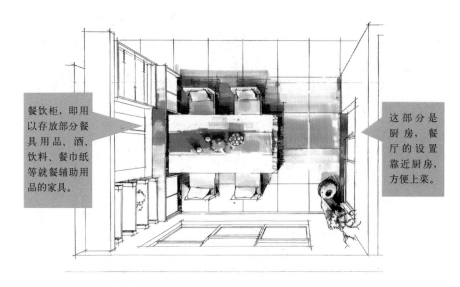

餐饮柜，即用以存放部分餐具用品、酒、饮料、餐巾纸等就餐辅助用品的家具。

这部分是厨房，餐厅的设置靠近厨房，方便上菜。

图 2-14　餐厅示意图

餐厅的设置方式主要有三种：客厅兼餐室、厨房兼餐室和独立式餐厅，餐厅在居室中的位置，除了客厅或厨房兼餐室外，独立的就餐空间应安排在厨房与客厅之间，可以最大限度地节省从厨房将食品摆到餐桌，以及人们从客厅到餐厅行走的时间（图 2-15）。

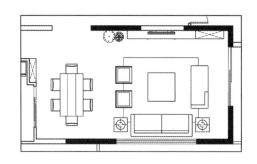 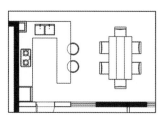 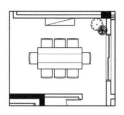

图 2-15　餐厅常见的布置形式

中式餐饮一般采取圆桌或接近方形的长方形的形式，菜盘摆放在餐桌中间，这是中国用餐文化的重要表现形式，往往能够制造和谐融洽的气氛，为方便用餐者，餐桌的长宽比设计不会太大。

西方用餐实行分餐制，即各自点菜，各持一份，体现适度节俭、合理饮食的理念，分餐制的菜肴和主食由人定量，可以减少浪费，保证每餐吃完。因此西餐可以选用长宽比较大的餐桌。

现代的家庭一般都趋向小型化，一个原生家庭一般由父母和一到两个子女组成，有时一方父母会过来一起居住，所以现代餐厅的桌椅以四到六人为主（图 2-16，图 2-17）。

对于喜欢品酒的家庭，可以设置简单的酒柜和吧台，酒柜用来放置瓶酒，酒具和一些陈设（图 2-18，图 2-19）。

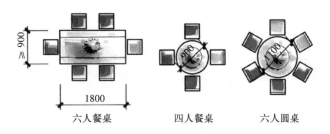

图 2-16　餐桌常见的布置形式与尺寸

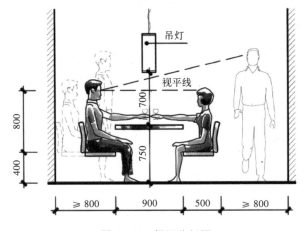

图 2-17　餐厅分析图

图 2-18　吧区

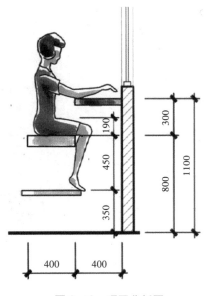

图 2-19　吧区分析图

3. 休闲娱乐区域

有的家庭在公共空间会考虑一些特定的休闲娱乐活动，包括棋牌、弹琴、阅读等，根据这些不同爱好，应当在布局中考虑到空间的划分，根据每个项目的特点，以不同的家具布置和设施来满足娱乐功能要求（图 2-20，图 2-21）。

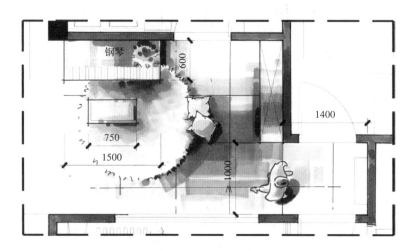

图 2-20　钢琴区平面图

图 2-21　钢琴区

古筝、古琴常用的尺寸见图 2-22。

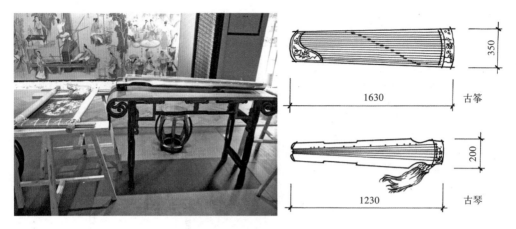

图 2-22　古筝和古琴常用尺寸

　　品茶时摆放茶具的桌子，比餐桌的尺寸略小，高度略低，座椅可以采用休闲椅、沙发等。有的采用日式的品茶方式，席地而坐，有的品茶区和休闲阅览结合在一起，可以设置一些摆放书籍和装饰品的书架（图 2-23，图 2-24）。

图 2-23　品茶区

图 2-24　组合家具满足多种需要

4.《住宅设计规范》中有关客厅和餐厅的相关规定

（1）起居室（厅）应有直接采光、自然通风，其使用面积不应小于 $12m^2$。

（2）起居室（厅）内的门洞布置应综合考虑使用功能要求，减少直接开向起居室（厅）的门的数量。起居室（厅）内布置家具的墙面直线长度应大于 3m。

（3）无直接采光的餐厅、过厅等，其使用面积不宜大于 10m²。

【实践活动】

（1）根据任务书的要求，对图 2-25 中的公共空间进行设计，徒手勾画草图，基本确定方案。

（2）使用绘图工具按标准比例绘制公共空间平面草图。

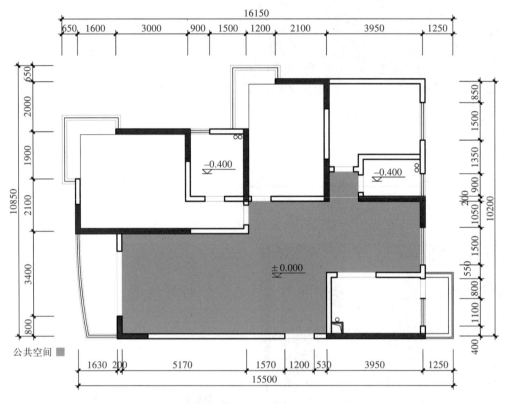

图 2-25　原始平面图

【活动评价】（表 2-2）

表 2-2

序号	评分项目	配分	评价主体与权重			得分（100%）	总分
			学生自评（10%）	小组互评（20%）	教师评分（70%）		
1	功能分区	40					
2	家具布置	30					
3	交通流线	30					
	评价人签名						

任务 3　私密空间布置

【任务描述】

通过该任务的实践，学生能说明家居私密空间的特点及使用要求，记住其家具、交通交往尺度等相关人体工程学数据，能绘制平面布置图。

【任务实施】

1. 布置任务

在任务一完成的平面功能气泡图的基础上，运用室内设计原理，完成其私密空间的装饰设计，按 1:50 的比例绘制平面草图，要求布置家具及陈设物件等。

2. 教师讲解示范案例

（1）讲解主人卧室、儿女卧室、客房（老人卧室）、书房的使用要求、家具及通道的尺寸，相关人体工程学尺寸。

（2）通过比较私密空间不同房间的布置，引导学生分析任务书中家庭人员的组成，根据不同的需求，对空间进行合理的划分。

【学习支持】

家居的私密空间包括主人卧室（带卫生间）、书房、儿女卧室和客房等，这是属于私密性很强的安静区域，常位于居室的尽端部位，以避免干扰，保证睡眠的质量。

1. 主卧室设计

卧室之间不能穿套，应有直接采光和自然通风，双人卧室使用面积不应小于 $10m^2$，单人卧室不应小于 $6m^2$。主卧室包括睡眠区、休闲区、梳妆活动区、储藏区、卧室卫生间等部分（图 2-26，图 2-27）。

（1）双人床

双人床宽度通常不小于 1.5m，两侧配置床头柜（图 2-28）。

（2）衣柜

衣柜内部根据使用者的特点划分出不同的区域，分别放置内衣、衬衫、裤子、长大衣、短大衣、毛衣、长短裙子等，甚至连袜子、丝巾、皮带及领带也有专门的放置地点。这样的划分使衣柜可以收纳更多衣物，衣柜在设计中还应考虑人体工程学原理。常用衣服存放在人站立或蹲下时，手能够到的地方。如果挂衣杆太高，它就应被设计成活动的，以方便挂放和拿取衣物。另外抽屉的高度也在人的视线范围以内，不要太高（图 2-29，图 2-30）。

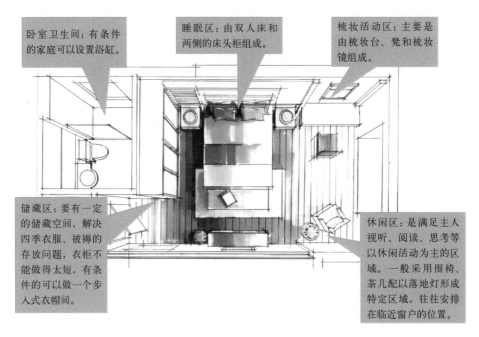

卧室卫生间：有条件的家庭可以设置浴缸。

睡眠区：由双人床和两侧的床头柜组成。

梳妆活动区：主要是由梳妆台、凳和梳妆镜组成。

储藏区：要有一定的储藏空间，解决四季衣服、被褥的存放问题，衣柜不能做得太短，有条件的可以做一个步入式衣帽间。

休闲区：是满足主人视听、阅读、思考等以休闲活动为主的区域。一般采用围椅、茶几配以落地灯形成特定区域，往往安排在临近窗户的位置。

图 2-26　主人卧室示意图

图 2-27　主人卧室要有优雅宁静的环境

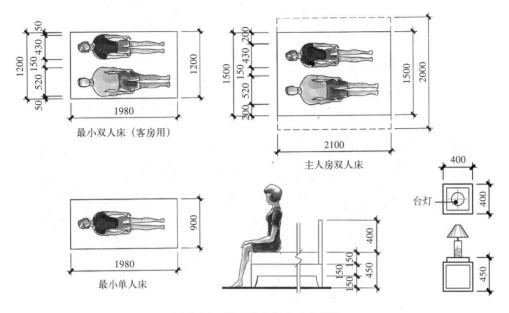

最小双人床（客房用）

主人房双人床

台灯

最小单人床

图 2-28　床及床头柜尺寸分析图

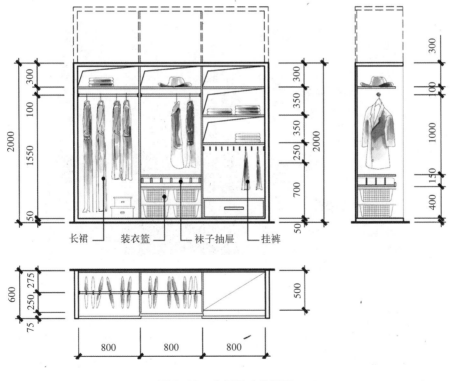

长裙　　装衣篮　　袜子抽屉　　挂裤

图 2-29　衣柜尺寸分析图

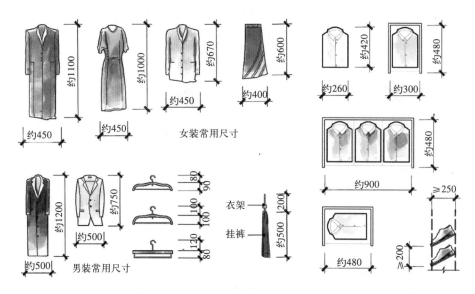

女装常用尺寸

男装常用尺寸

衣架
挂裤

图 2-30　衣柜内常用物品尺寸

步入式衣帽间是用于储存衣物和更衣的独立房间，可储存家人的衣物、鞋帽、饰物、被褥等。除储物柜外，还可包含梳妆台、更衣镜、取物梯子、烫衣板、衣被架、座椅等设施。理想的衣帽间面积至少在 4m² 以上，可以供家人舒适地更衣（图 2-31）。

图 2-31　步入式衣帽间

2. 儿女卧室设计

儿女卧室在设计上应充分照顾到儿女的年龄、性别与性格等特定因素，保证有充足的阳光、良好的通风等，有利于他们的成长。婴幼儿（从出生到 6 岁）时期，多是在主卧室内设置育婴区，主要设施为婴儿床、婴儿衣被柜等。如果要单独设计幼儿房，在布置上通常应靠近父母卧室，依据幼儿的性别和心理需要，采用富有想象力的装饰。儿童期是指 7 ～ 12 岁之间的孩子，青少年期是指 12 ～ 18 岁其间的孩子，卧室的设计应保证他们有独立安静的生活和学习环境，满足学习与课外一些兴趣活动的需要。通常将卧室空间划分为睡眠区、学习区、休闲兴趣活动区这几个区域（图 2-32，图 2-33）。

图 2-32 儿女卧室要满足学习和兴趣活动要求

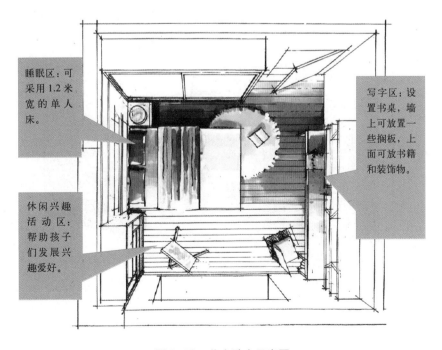

睡眠区：可采用 1.2 米宽的单人床。

写字区：设置书桌，墙上可放置一些搁板，上面可放书籍和装饰物。

休闲兴趣活动区：帮助孩子们发展兴趣爱好。

图 2-33 儿女卧室示意图

（1）睡眠区

睡眠区是孩子房的主要区域。考虑到他们的年龄特点，往往靠墙设置，并为他们提供一定的活动空间。

（2）学习区

学习是儿童期及青少年期的主要任务，将较长的书桌沿采光较好的方位或临窗设置，桌椅的尺度应结合具体年龄发育的生理要求和学习内容整体考虑。

（3）休闲兴趣活动区

除了课内的学习，现在的孩子一般都会发展一到两项课外兴趣爱好，除了可以设置在居室公共空间的休闲区外，在儿女卧室有一个区域，为他们提供必要的设施，培养综合能力。

3. 客房（老人卧室）

客房提供给到访的客人或双方老人使用，一般分为睡眠区，衣物储藏区，写字区等区域，整体设计风格宜沉稳大方（图 2-34，图 2-35）

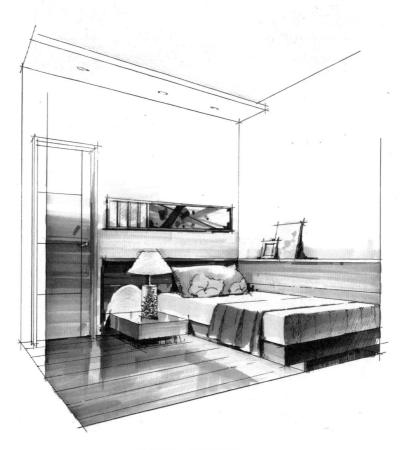

图 2-34　客房宜简洁大方

衣物储藏

房间配置必要的书架，其设计要与整体风格一致。

学习、工作区：设置书桌，保证有良好的采光。墙上可放置搁板，上面可放置书籍和装饰物。

睡眠区：可采用 1.2 米宽的单人床。

图 2-35　客房示意图

4. 书房设计

书房是提供家人阅读、书写、工作和交谈的场所，书房可以与主卧室以套间形式连接在一起。书房一般可划分出工作区域、阅读藏书区域、休闲会谈三大部分，其中工作和阅读是空间的主体活动，书桌应保证有良好的采光和人工照明，以满足工作时视觉要求，另外和藏书区域联系要方便（图 2-36，图 2-37）。

图 2-36　书房设计要体现文化气质

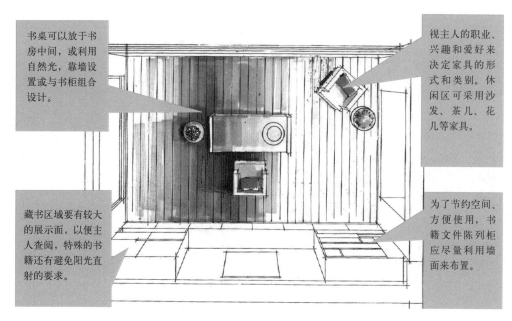

书桌可以放于书房中间，或利用自然光，靠墙设置或与书柜组合设计。

视主人的职业、兴趣和爱好来决定家具的形式和类别。休闲区可采用沙发、茶几、花几等家具。

藏书区域要有较大的展示面，以便主人查阅，特殊的书籍还有避免阳光直射的要求。

为了节约空间、方便使用，书籍文件陈列柜应尽量利用墙面来布置。

图 2-37 书房示意图

书柜的设计有对称式，非对称式，风格要和书桌等家具配套，与整体风格相协调，充分展示主人个性和文化品位（图 2-38，图 2-39）。

图 2-38 书柜的层板应根据陈设品的需要设计   图 2-39 书桌设计和主人的使用要求有关

当书柜的进深大于 270mm，层板的净距大于 330mm 时，基本上可以满足藏书要求。当书柜的高度大于 2150mm 时，一般人的手高度够不到书，要借助梯才能取到（图

2-40）。

书桌的设计和主人的使用要求有关，有的以阅读、书写，绘画为主；有的带有很强的操作性质，需放置电脑，打印等设备，书桌的台面尽可能宽敞实用。

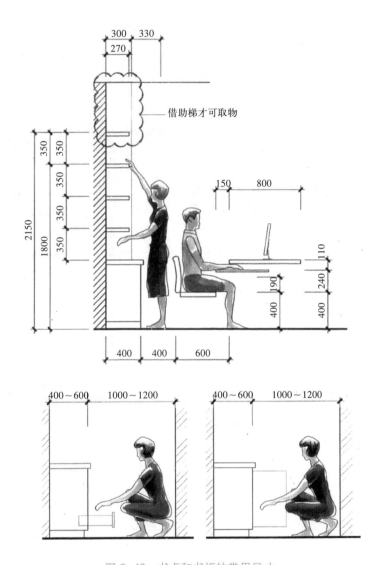

图 2-40　书桌和书柜的常用尺寸

5.《住宅设计规范》中有关卧室的相关规定

卧室之间不应穿越，卧室应有直接采光、自然通风，其使用面积不宜小于以下数值：

（1）双人卧室为 $10m^2$；

（2）单人卧室为 $6m^2$；

（3）兼起居的卧室为 $12m^2$。

【实践活动】

1. 根据任务书的要求，对图 2-41 中的私密空间进行设计，徒手勾画草图，基本确定方案。

2. 使用绘图工具按标准比例绘制私密空间平面草图。

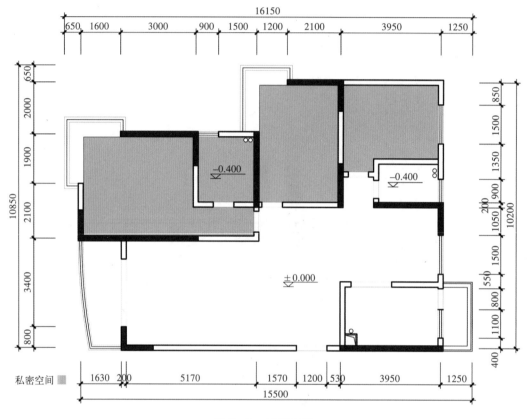

图 2-41　私密空间

【活动评价】（表 2-3）

表 2-3

序号	评分项目	配分	评价主体与权重			得分（100%）	总分
			学生自评（10%）	小组互评（20%）	教师评分（70%）		
1	家具布置	40					
2	家具尺度	30					
3	交通流线	30					
	评价人签名						

【提醒】

飘窗一般呈矩形或梯形向室外凸出墙外一定空间，一般是 500～700mm 左右，窗台面高大约 400mm，飘窗一般三面都装有玻璃，使人们有了更广阔的视野，如果能正确理解飘窗台，就可以更好地使用这部分空间。图 2-42 是一般的飘窗示意图，图 2-43 是转角飘窗示意图，图 2-44 是常见的设计错误，一是将书桌紧靠飘窗，二是将床背板靠着飘窗，这两种情况都减少了飘窗的用途，在设计中应避免出现类似的情况。

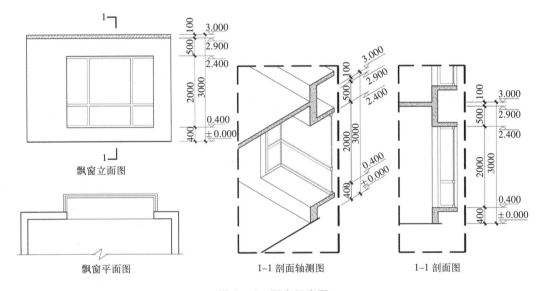

图 2-42　飘窗示意图

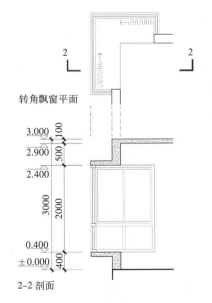

图 2-43　转角飘窗示意图

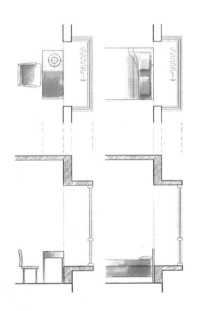

图 2-44　常见的错误布置

任务 4 厨卫空间布置

【任务描述】

> 本次任务是要求布置任务书中厨卫空间的平面，会根据烟道管井确定厨卫位置，会按比例绘出家具布置及陈设物件等。

【任务实施】

1. 布置任务

运用室内设计原理，完成厨卫空间的装饰设计，按 1:50 的比例绘制平面草图，要求布置家具及陈设物件等。

2. 教师讲解示范案例

（1）讲解厨房、卫生间的使用要求、家具及通道的尺寸，相关人体工程学尺寸。

（2）通过分析厨房、卫生间的案例，帮助学生在一套没有间隔的家装平面图中，通过分析烟道及管井，确定厨房、卫生间的具体位置，选择合适的类型进行布置。

【学习支持】

1. 厨房

（1）厨房作业基本流程

厨房内操作的基本顺序为：洗涤—配置—烹饪—备餐，每个环节按顺序排列，相互之间的距离以 450 ~ 600mm 之间操作时比较方便（图 2-45）。厨房内的基本设施有：冰箱、洗涤盆、操作台、炉灶、微波炉、排油烟机、储物柜等。其中冰箱、洗涤盆和炉灶应能组成一个合理的"工作三角形"，三角形的边长相对一致，会令使用者感到舒服，所得到的效果是最佳的，过长或过短都不利于厨房工作（图 2-46，图 2-47）。通常设定每边长约 1.2 ~ 2.7m，三边总长约 4.2 ~ 4.6m 为最佳，不应超过 6.71m，两个工作中心的距离至少为 900mm，否则工作起来就会觉得拥挤，距离太远，则费时费力。

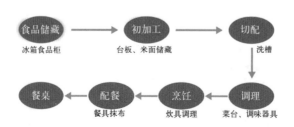

图 2-45 厨房作业流程图

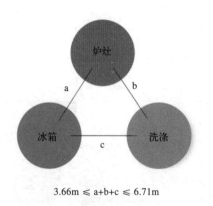

3.66m ≤ a+b+c ≤ 6.71m

图 2-46　工作三角形示意图

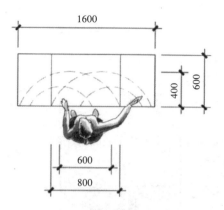

图 2-47　操作台板尺寸

（2）厨房类型

◆　一字型厨房

对于空间面积较小的厨房，一字形布置是最佳选择。几个工作中心位于一条线上，设计时应避免柜台过长，但应提供足够的贮藏设施和操作台面。一字形厨房的净面积要大于 4 m²，应该使操作面长度 ≥ 2.1m，厨房门洞宽 800mm，阳台门洞宽 700mm，因为使用面积小，当操作台面较短时，可选用单洗菜盆（图 2-48 ～图 2-51）。

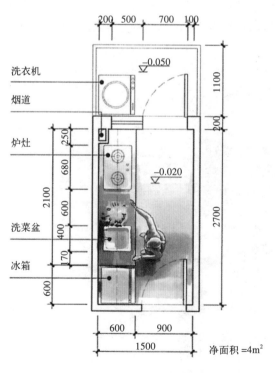

图 2-48　一字形厨房平面

图 2-49　一字形厨房

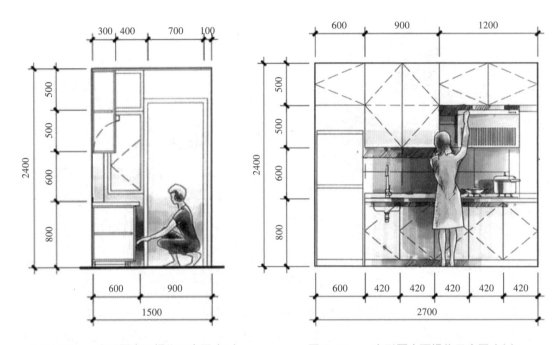

图 2-50　一字形厨房面操作示意图（1）　　　图 2-51　一字形厨房面操作示意图（2）

◆　走廊式厨房

走廊式厨房是将工作台沿对面的两墙布置。通常面积较大、台面偏长，是一种实用的布置方式。采用此种方式布置，应尽量避免有过大的工作量穿越"工作三角形"而感到不便（图 2-52～图 2-54）

图 2-52　走廊式厨房

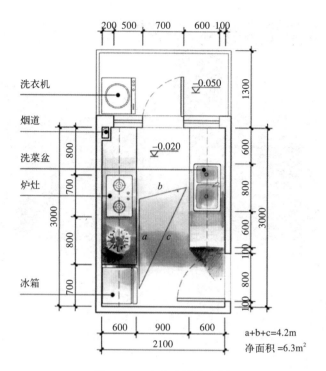

洗衣机

烟道

洗菜盆

炉灶

冰箱

a+b+c=4.2m
净面积=6.3m²

图 2-53　走廊式厨房平面

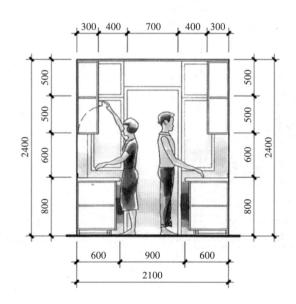

图 2-54　走廊式厨房操作示意图

◆　L 形厨房

L 形厨房是将柜台、炉灶、冰箱依靠两相邻墙面连续布置，洗涤和炉灶留出一定的台面空间，作为配料准备区。L 形厨房的两个边不宜过长，以免使用起来不方便（图2-55～图 2-57）。

图 2-55　L 形厨房

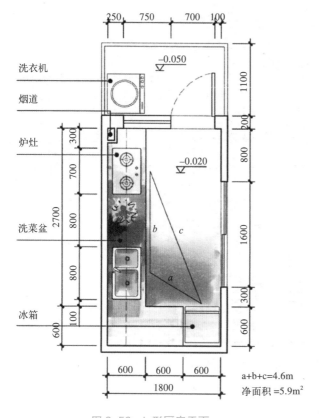

图 2-56　L 形厨房平面

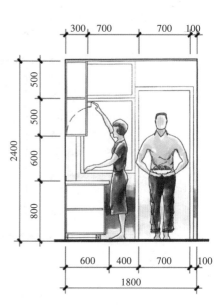

图 2-57　L 形厨房操作示意图

◆　U 形厨房

U 形厨房是一种十分有效的布置方式，布置面积不需很大，用起来也十分方便，节省体力和时间，它有连续的操作台面，工作中心很容易按流程排列，通常将冰箱、炉台、洗涤槽布置在"工作三角形"的三个角顶点方位（图 2-58 ～图 2-60）。

图 2-58　U 形厨房

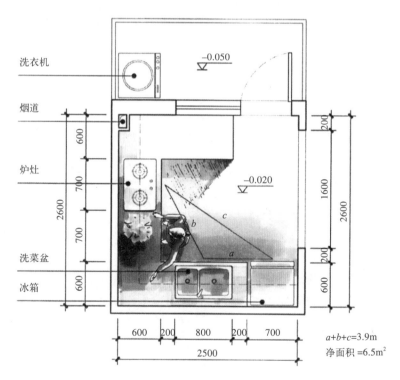

洗衣机

烟道

炉灶

洗菜盆

冰箱

$a+b+c=3.9m$
净面积 $=6.5m^2$

图 2-59　U 形厨房平面（1）

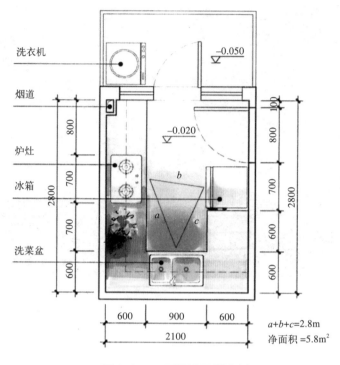

洗衣机

烟道

炉灶

冰箱

洗菜盆

-0.050

-0.020

800

700

700

600

2800

600

900

600

2100

800

700

600

2800

100

a+b+c=2.8m
净面积 =5.8m²

图 2-60 U 形厨房平面（2）

（3）《住宅设计规范》中有关厨房的规定

◆ 一类和二类住宅为 4m²，三类和四类住宅为 5m²。

◆ 厨房应有直接采光和自然通风，并宜布置在套内近入口处。

◆ 厨房应设置洗涤池、案台、炉灶及排油烟机等设施或预留位置，按炊事操作流程排列，操作面净长不应小于 2.10m。

◆ 单排布置设备的厨房净宽不应小于 1.50m；双排布置设备的厨房其两排设备的净距不应小于 0.90m。

2. 卫生间

卫生间是家居的重要组成部分，随着人们生活水平的提高，主卧室往往也配置了单独的卫生间，使单一卫生间的使用细化成主人套房卫生间、公用卫生间两种形式，它们承担的使用功能更具针对性了。

（1）布局

在卫生间的设计上，"干湿分离"是指将卫生间分为"干区"和"湿区"，并将两个区域相互隔离。"湿区"即卫生间的沐浴空间，地面常常被水打湿；而"干区"主要包括洗面盆和坐便器等，这个区域的地面可以经常保持干爽，将这两个空间单独布置，能增加空间的舒适度和实用性（图 2-61）。

图 2-61　卫生间可以干湿分区

（2）洁具

便器、洗浴器（浴缸或喷淋）和洗面器，是卫生间中最主要的卫生洁具（图 2-62，图 2-63）。

◆　淋浴器

有的淋浴器安装在浴盆上方，也有的单独安装。淋浴头的高度在安装时应根据人体的高度及伸手操作的因素确定。

◆　便器

坐便器也是卫生间的必备设施之一，与坐便器配置的手纸盒也是必须的，常装在坐便器近处，距地 500 ~ 700mm。

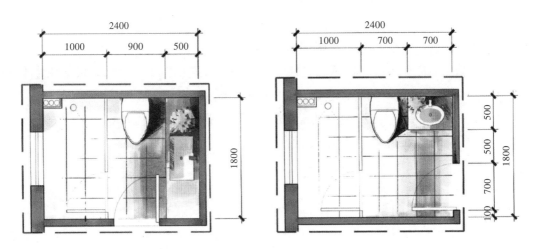

图 2-62　卫生间平面图

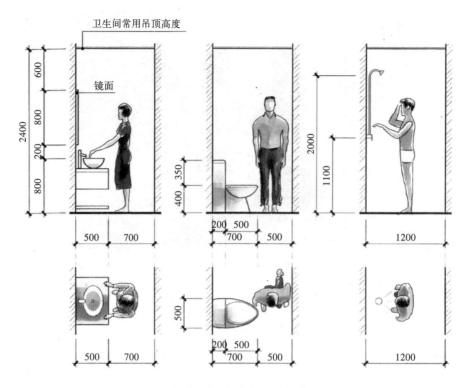

图 2-63　卫生间相关尺寸

◆　洗面器

洗面盆分台式、立式两种，立式洗面盆安装的面积可适当的小些，造型较为自由，台式布置包含了化妆、洗脸、刷牙等功能，台面高度在尺度上充分结合人体工程学原理，控制在 800mm 左右，宽度控制在 500mm 左右，长度则根据实际墙面而定，这个区域除洗面盆之外还应配置有相应的镜前灯、化妆洗脸用品搁板或镜箱以及毛巾挂架等。

（3）《住宅设计规范》中有关卫生间的规定

1）每套住宅应设卫生间，第四类住宅宜设两个或两个以上卫生间。每套住宅至少应配置三件卫生洁具，不同洁具组合的卫生间使用面积不应小于下列规定：

A. 设便器、洗浴器（浴缸或喷淋）、洗面器三件卫生洁具的为 3m^2；

B. 设便器、洗浴器二件卫生洁具的为 2.50m^2；

C. 设便器、洗面器二件卫生洁具的为 2m^2；

D. 单设便器的为 1.10m^2。

2）无前室的卫生间的门不应直接开向起居室（厅）或厨房。

3）卫生间不应直接布置在下层住户的卧室、起居室（厅）和厨房的上层。可布置在本套内的卧室、起居室（厅）和厨房的上层；并均应有防水、隔声和便于检修的措施。

4）套内应设置洗衣机的位置。

【实践活动】

（1）根据任务书的要求，对厨房和卫生间进行设计，徒手勾画草图，基本确定方案。

（2）使用绘图工具按标准比例绘制厨房和卫生间的平面草图。

【活动评价】（表 2-4）

表 2-4

序号	评分项目	配分	评价主体与权重			得分（100%）	总分
			学生自评（10%）	小组互评（20%）	教师评分（70%）		
1	厨具布置	40					
2	洁具布置	40					
3	交通流线	20					
	评价人签名						

任务 5　交通及其他辅助空间布置

【任务描述】

通过该任务的实践，学生能说明家居交通及其他辅助空间的特点及使用要求，记住其家具、交通交往尺寸等相关人体工程学数据，能按比例绘制平面布置草图。

【任务实施】

1. 布置任务

在任务一完成的平面功能气泡图的基础上，运用室内设计原理，完成交通及其他辅助空间的装饰设计，按 1:50 的比例绘制平面草图，要求布置家具及陈设物件等。

2. 教师讲解示范案例

（1）讲解玄关和通道的使用要求、家具及通道的尺寸，相关人体工程学尺寸。

（2）讲解其他辅助空间的使用要求及相关人体工程学尺寸。

【学习支持】

1. 玄关设计

（1）玄关作用

玄关是进入室内换鞋和衣服的一个过渡空间，在住宅中虽然面积不大，但使用频率较高，使人不至于开门见厅，一进门就对客厅的情形一览无余。它注重人们私密性及隐蔽性的需求，起到稳定情绪、暗示行为的作用。打开户门，第一眼看到的玄关对景使人对整体家居产生第一印象，能反映主人的性格、喜好和品味，体现出设计师的精致构思（图2-64，图2-65）。

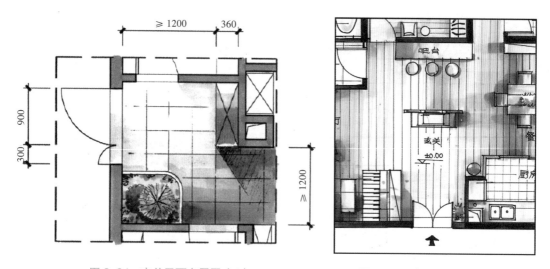

图2-64　玄关平面布置图（1）　　　　　　　图2-65　玄关平面布置图（2）

因为人在玄关中滞留的时间较短，面积也有限，是一个过渡空间，玄关中的家具应包括鞋柜、衣帽柜、镜子、小坐凳等，如果玄关有足够的面积，可以和入户花园、绿化景点结合在一起，有美化装饰作用。在北方地区，玄关也可避免冬天在开门时寒风直接入室（图2-66）。

（2）玄关类型

◆　全隔断玄关

这是指从地面直接延伸到天花板的隔断，这样围合而成的玄关空间相对独立，阻挡外界视线能力强，但要处理好采光问题，不要过于阴暗（图2-67）。

◆　半隔断玄关

这种隔断可用鞋柜、玻璃、镂空雕花板等做分隔，占用空间较小、视线通透，光线良好，是中等面积以上户型常用的类型（图2-68）。

◆　敞开式玄关

敞开式玄关是指通过地面材料、色泽、高低、顶棚造型与其他部分的区别来划分区域，在保持室内通风、采光性能等方面有一定的优势，适合小面积户型以及平面不太规整的空间（图2-69）。

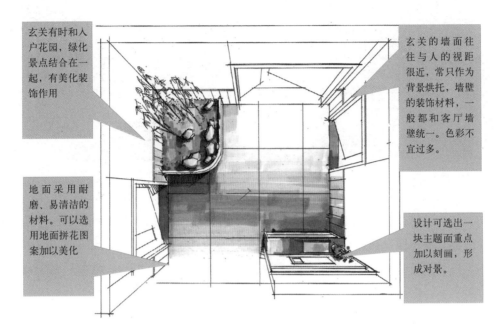

玄关有时和人户花园，绿化景点结合在一起，有美化装饰作用

玄关的墙面往往与人的视距很近，常只作为背景烘托，墙壁的装饰材料，一般都和客厅墙壁统一。色彩不宜过多。

地面采用耐磨、易清洁的材料。可以选用地面拼花图案加以美化

设计可选出一块主题面重点加以刻画，形成对景。

图 2-66　玄关示意图

图 2-67　全隔断玄关

图 2-68　半隔断玄关

图 2-69　敞开式玄关

（3）鞋柜设计

鞋柜要与整体家装风格保持一致，内部结构要为特殊造型的鞋子如长靴等留出一定的空间，并设计一至两个抽屉，留出挂雨伞的位置，增加实用性。鞋柜一般会做平开门，方便拿取，内部隔板还可做成可移动的，适合存放鞋盒（图 2-70）。

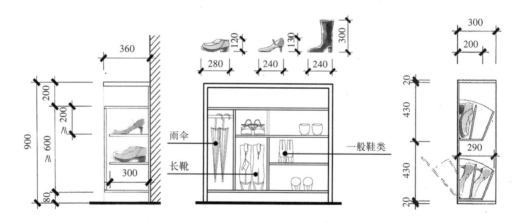

图 2-70　鞋柜尺寸图

2. 走道和过厅设计

走道和过厅是室内房间联系的枢纽，在空间中起着联系的作用，其目的是避免房间穿套，把开门位置相对集中设置，减少起居室墙上开门数量。虽然走道面积不大，宽度较小，但是使用率比较高，对空间有引导性的作用，设计师通过对走道简洁、明快的设计增强空间的层次感和序列感。一字型走廊方向感强，如果走道过长而处理不当，会产生单调和沉闷的感觉，在走廊的尽头往往设计一个对景，能有效地打破走廊沉闷、封闭的感觉（图 2-71，图 2-72）。

图 2-71　走道设计（1）　　　　图 2-72　走道设计（2）

　　当几个房间门口都集中在一个走廊时，在门口较多的区域设置过厅，可以减少房间之间的干扰，形成一个较开敞的人流缓冲区。在狭长的走道中设置过厅可以减少压抑的感觉，增加行走时空间变化带来的趣味感（图 2-73，图 2-74）。

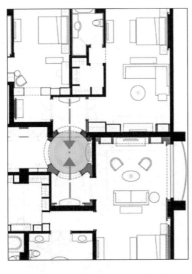

图 2-73　过厅平面（1）　　　　图 2-74　过厅设计（1）

　　当家居面积较大时，在不同使用空间的交接处也可以设置过厅。比如在客厅和餐厅之间设置过厅，使得空间富于变化，也给人带来豪华大气的感受（图 2-75，图 2-76）。

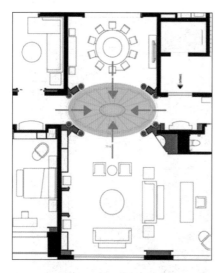

图 2-75 过厅平面（1）　　　　　　图 2-76 过厅设计（2）

3. 储物间设计

储藏间应根据常用物件的形状尺寸来决定存放的方式，以便提高空间的使用率，从类型上来分，可以归纳为开敞式和密闭式两种。

开敞式的储存空间则用来陈列排设那些具有较强装饰风格的物品，这一类的储存空间讲究形式、材质、甚至配合照明的灯光，是装饰设计中的重要部分。

密闭的储藏空间往往用来存放一些实用性较强、装饰性不明显的物品。这类空间往往要求有合理的布置，使用的装饰材料也较普通。

而对于不经常搬家的家庭，则要考虑储存空间的永久性，在形式上同整体空间格调应保持一致（图 2-77 ～图 2-80）。

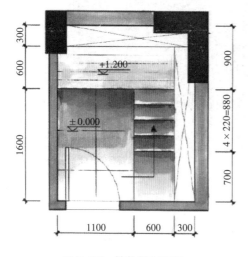

图 2-77 储物间平面图

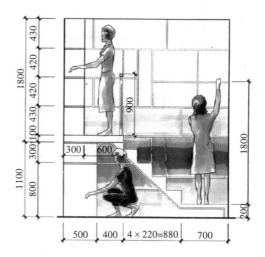

图 2-78 储物间立面图（1）

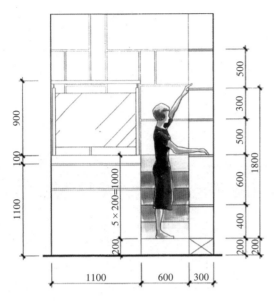

图 2-79　储物间立面图（2）

图 2-80　储物间示意图

4. 阳台设计

景观阳台一般与客厅相连，可以放上一两张休闲小桌椅，在阳台上种植花草，营造园林小空间，为家居增添自然景致。阳台侧墙面、地面也是装饰美化的重点，可以在侧墙上配置一些富有韵味的装饰品，或做一些水景装饰（图 2-81，图 2-82）。

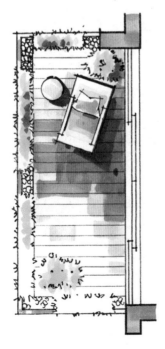

图 2-81　景观阳台平面

图 2-82　景观阳台效果图

【实践活动】

1. 根据任务书的要求，对玄关和阳台等进行设计，徒手勾画草图，基本确定方案。

2. 使用绘图工具按标准比例绘制玄关和阳台等辅助空间平面草图。

【活动评价】（表 2-5）

表 2-5

序号	评分项目	配分	评价主体与权重			得分（100%）	总分
			学生自评（10%）	小组互评（20%）	教师评分（70%）		
1	功能分区	40					
2	家具布置	30					
3	交通流线	30					
	评价人签名						

【做一做】

有的原始户型平面布置不合理，比如一打开户门，就能见到房间门（图 2-83），在这种情况下，可以有以下的设计意见：

1. 修改平面间隔及房间门所在的位置

2. 设计玄关，处理好视线关系。

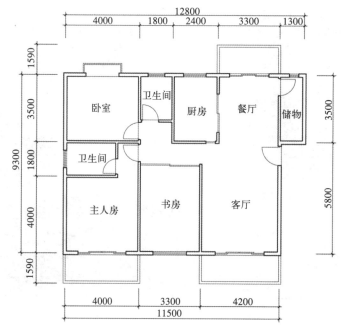

图 2-83　原始平面图

【作品欣赏】（图 2-84）

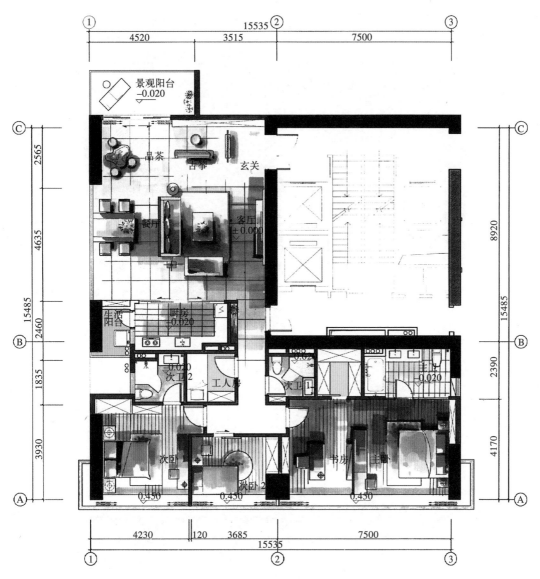

图 2-84　平面布置图

项目 3
灯具配置

【项目概述】

通过配置给定家居的灯具，学生会识别家居空间常用灯具，能说明灯具配置的原则，以及普通照明、重点照明和装饰照明的特点；会配置家居各功能区（公共空间、私密空间、厨卫空间、交通及其他辅助空间）的灯具。

任务 1　灯具识别

【任务描述】

通过该任务的实践，学生能识别家居空间常用灯具类别；能说明灯具配置的原则；知道普通照明、重点照明和装饰照明的特点。

【任务实施】

1. 任务布置

（1）复习项目一样板间调研内容，能辨别吊灯、吸顶灯、槽灯、台灯、落地灯、壁灯、射灯等灯具。

（2）根据家装图片，指出哪些是普通照明、重点照明和装饰照明。

2. 教师讲解示范案例

（1）讲解家居空间常用灯具类型。

（2）灯具配置的原则。

（3）普通照明、重点照明、装饰照明的特点。

【学习支持】

1. 灯具类型

灯具是电光源、灯罩及其附件的总称，按照安装方式可分为以下几种（表 3-1）。

常用灯具表　　　　　　　　　　　　　　表 3-1

名称	图片	特性	用途
吊灯		有固定式吊灯和可伸缩式的吊灯，主要用于室内一般照明，由于它处于室内空间的中心位置，所以，具有很强的装饰性，影响着室内的装饰风格。吊灯对空间的层高有一定的要求，若层高较低，则不适用	客厅、餐厅、休闲区、主卧天花中心
吸顶灯		吸顶灯多用于较低的空间中，直接安装在天花板上，常见光源有白炽灯、荧光灯、LED 等，吸顶灯多用于整体照明	各区域天花
槽灯		槽灯也称"反光槽灯"，是固定在天花板或墙壁上的线型、面型的照明，常选用日光灯管、LED 灯带作照明，这种照明方式装饰性较强，一般作为背景照明	墙面、天花灯槽、灯箱，地面抬高灯槽
台灯		台灯又称桌灯，主要用于室内桌台等处做局部照明，多以白炽灯和荧光灯为光源，有大、中、小型之分。台灯的灯罩及灯座材料取材多样，造型丰富多彩，用户可根据室内设计风格和个人兴趣而选择不同材质、不同造型的台灯	客厅角几、书房、卧室桌面灯、床头柜
落地灯		落地灯又称坐地灯或立灯，是一种局部自由照明灯具，多以白炽灯为光源。灯杆结构安全稳定，方位高度调节自如，投光角度随意灵活，具有不产生眩光、造型美观等特点	客厅、书房、卧室
壁灯		壁灯是安装于墙壁上的灯具，在无法安装其他照明灯具的环境，可以考虑用壁灯来进行功能性的照明。灯产生的光线可以丰富室内光环境，增强空间层次，改善明暗对比，使墙面变得光影丰富	公共空间、私密空间、阳台墙面
射灯		可营造氛围，有多种光束角，能产生不同的光照效果	照明重点表现区域

续表

名称	图片	特性	用途
筒灯		所有光线向下投射，属于直接配光，可以用不同的反射器、镜片灯来取得不同的光线效果，亮度高，温度低，显色性好。	客厅、卧室、卫生间天花周边，玄关天花中间

2.灯具配置原则

在进行家居灯具配置时，既要满足每个功能区的照明要求，也要满足人们的审美要求，在配置过程中，应遵循以下原则：

（1）满足安全性

应采取严格的防触电、短路等安全措施。保证灯具照明的安全性。

（2）满足使用功能

根据不同的空间选择不同的照明方式和灯具，并保证有足够的亮度。

（3）满足美观要求

在现代家居设计里，各种各样的灯具已经成为重要的装饰品，能增添空间的情趣。

（4）满足经济要求

要恰到好处地合理配置灯具，满足节能的要求。

3.普通照明，重点照明和装饰照明特点

（1）普通照明

普通照明是指灯具均匀地布置在被照场所的上空，在被照面上形成均匀照度的一种照明方式，适合于对光的投射方向没有特殊要求，不需要局部高照度的场合。但是当房间的层高较高、照度要求较高时，单独采用这种方式会造成使用的灯具过多，不够经济（图3-1）。

图 3-1　筒灯作为一般照明灯具

（2）重点照明

为突出某一局部而选择的照明方式。它常常设置在照度要求高的地方，或对光线的方向性有特殊要求的部位。一般不在一个空间中单独使用这种照明方式，以免造成某一局部与周围环境之间亮度对比太大，分布不均匀，影响视觉。居住空间中的卧室、客房的台灯、壁灯等均属于局部的重点照明方式（图3-2，图3-3）。

图 3-2　重点照明（1）　　　　　　　　　　　图 3-3　重点照明（2）

（3）装饰照明

这种照明方式通过灯具的造型及排列方式，光线不同照射角度及强弱分布，给空间特定部分营造出特殊的气氛，如彩色吊灯、彩色灯槽、射灯、台灯等的使用（图3-4，图3-5）。选择装饰性灯具应注意以下原则：

图 3-4　装饰照明（1）　　　　　　　　　　　图 3-5　装饰照明（2）

◆　根据房间高度来选择

房间高度在3m以下时，不宜选用长吊杆的吊灯及水晶灯。

◆　根据房间面积来选择

灯饰的面积不要过大，否则会影响房间的装饰效果。

◆ 根据装修风格来选择

灯具要与周围的装修风格协调统一，避免给人以杂乱的感觉。

◆ 根据房间环境来选择

比如卫生间、厨房等特殊环境，应选择有防潮、防水功能的灯具，以保证正常使用。

◆ 根据房间顶部承载能力来选择

天花要有足够的承载能力，才能安装吊灯、吸顶灯这样的灯具。

【实践活动】

根据所给的灯具图片，指出具体是哪一种灯具（图 3-6，图 3-7）及照明方式。

【活动评价】（表 3-2）

表 3-2

序号	评分项目	配分	评价主体与权重			得分（100%）	总分
			学生自评（10%）	小组互评（20%）	教师评分（70%）		
1	灯具识别	50					
2	辨认照明方式	50					
	评价人签名						

图 3-6　灯具类型

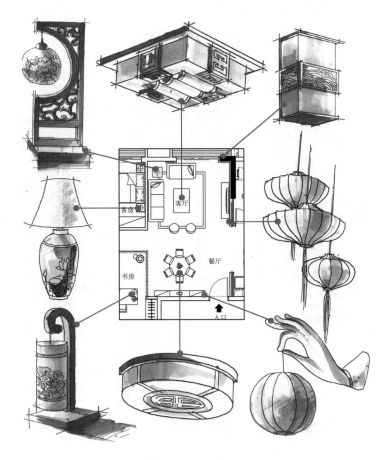

图 3-7　灯具布置

任务 2　灯具配置

【任务描述】

　　通过该任务的实践，学生能配置家居各功能区的灯具，会对不同的功能区域选择正确的照明方式，完成天花平面灯具布置图。

【任务实施】

1. 布置任务

按照所附家居天花图，运用灯具配置原则，结合项目二完成的平面布置草图，进行各功能区天花灯具配置设计（图 3-8）。

（1）根据项目二设计的平面布置图，确定照明方案。

（2）对各个功能区域进行灯具布置。

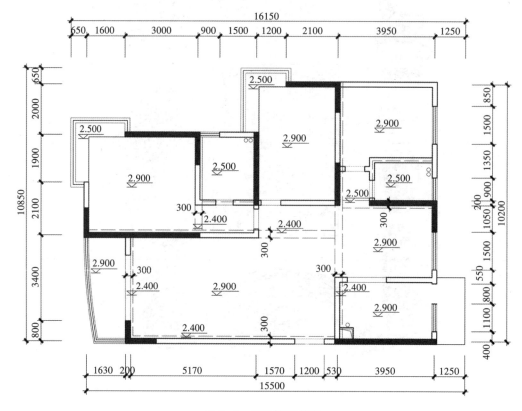

图 3-8　原建筑天花图

2. 教师讲解示范案例

（1）住宅照明要求。

（2）家居公共空间灯具配置的原则。

（3）家居私密空间灯具配置的原则。

（4）家居厨卫空间灯具配置的原则。

（5）家居交通及其他辅助空间灯具配置的原则。

【学习支持】

1. 家居照明要求

（1）照度要求

家居中的照明设计要保证人们的正常生活，如饮食起居、工作学习等。另外还应考虑个体的差异，如老年人和儿童房间需要有足够的照度，保证使用安全。

（2）亮度要求

均匀的亮度分布会使房间缺乏主次，而过高的明暗对比会让人产生不舒适的感觉，家居空间的亮度分布应视不同的功能分区而定，如客厅应该有较高的亮度，而卧室的亮度应该较低。

（3）色调要求

光与颜色一样有冷暖之分，如白炽灯的颜色是暖色的，而日光色的荧光灯颜色是冷色的。不同的空间对色调的要求是不一样的，掌握好光源的色调可以营造出更舒适的环境氛围。

（4）艺术性要求

合理应用光源和灯具，可以创造出完美的光和影的世界。

2. 公共空间灯具配置原则

（1）客厅

客厅一般都有自然采光，在布置沙发和电视机的位置时，要避免眩光，结合窗帘的设计调节自然光，好的窗帘样式也能增加空间的艺术感染力。

客厅的照明应做到灵活地将整体照明、重点照明和装饰照明结合起来。整体照明可以强调空间的统一感，重点照明可以强调某些区域和局部重点，装饰照明可以起到画龙点睛的作用。通过不同照明的方式配搭增加空间的层次感。

1）客厅中一般照明

吸顶灯、吊灯、发光天花、筒灯等都可以作为客厅的一般照明灯具。安装灯具要结合高度来考虑，一般房间高度小于 2.7m 时宜采用吸顶灯、筒灯、发光顶棚等，而房间高度较高时可以采用吊灯。灯具应保证有上射的光，不宜全部使用向下照射的直射型灯具，以免使顶棚过于阴暗。

2）客厅中局部照明

A. 落地灯

客厅中的落地灯一般摆放在沙发附近，方便阅读，照度一般为 300 ~ 600lx。灯罩的高度对人的阅读有影响，过高和过低都会产生照度不足，落地灯的高度最好能自由调节，满足个体差异性需求。

B. 台灯

台灯一般放置在低柜、小桌或者茶几上，除了提供局部照明外还起到装饰陈设的作用，通过材质、造型、光色等与周边环境呼应，烘托客厅氛围。

C. 局部照明灯

局部照明灯多为筒灯或射灯，一般为了强调某一物品，如装饰画、雕塑等。客厅中往往会将一般照明、局部照明、装饰照明结合起来，共同营造舒适的室内氛围（图 3-9）。

（2）餐厅

人们用餐时往往强调温馨的气氛，因此餐厅里的光线一定要好，光线设计既要明亮，又要柔和。除了自然光外，人工光源的设计也很重要。餐桌上方的吊灯往往成为视觉中心，经常采用可调节高度的吊灯，要注意吊灯不能悬挂的太低，以便影响使用。一般主光源以橙黄色白炽灯为佳，使食物的颜色显得诱人可口（图3-10）。

图3-9　客厅的灯光设计　　　　　　　　　图3-10　餐厅的灯光设计

3. 私密空间灯具配置原则

家居私密空间属私密空间，要营造温馨浪漫柔和的照明氛围，缓解紧张的生活压力，放松心情。可采用整体照明和局部照明相结合的方法，顶棚可用吸顶灯，床头设置台灯，墙上设置壁灯，对有阅读需要的家庭来说，在顶棚靠床头的位置可配置聚光型射灯，根据需要最好能调整角度和亮度，可增设夜灯。在儿女卧室和客房中，在书桌上设置台灯（图3-11）。

书房相比于卧室，尽可能在白天利用自然光。一要考虑光线的角度，二要考虑避免电脑屏幕的眩光。为减轻眼睛的疲劳，在保证作业面有充分的照度外，周围环境也不能太昏暗，避免在书桌处出现过强的灯光。在装饰书房时，可采用局部照明和间接照明相结合，当书柜里放置工艺品和字画时，可用聚光灯加强这些部分的照明（图3-12）。

4. 厨卫空间灯具配置原则

良好的厨房设计，除了满足自然采光通风的条件之外，一是可以选用防潮灯作为普通照明，满足整体照明的需要，一是增加吊柜下的光源，对洗涤、烹饪、操作台面提供局部照明，加强照度。在一些玻璃储藏柜内可加装投射灯，特别是储放一些有色彩的餐具时，能达到很好的装饰效果。厨房的灯光应使人能看清楚各种菜色本身的固有色（图3-13）。

家庭用卫生间大多采用低彩度、高明度的照明设计来衬托干净爽快的气氛。一般整体照明可以选用防潮灯，化妆镜两侧设置镜前灯，中心高度距地1.6m，光线可以均匀地照到人的面部。洗脸台前的镜子可以做得比较大，通过镜面反射，能扩大空间感。白炽灯和暖色荧光灯的光色适合化妆，在淋浴空间也可以补充辅助光源（图3-14）。

图 3-11　卧室的灯光设计图

图 3-12　书桌的灯光设计

图 3-13　厨房的灯光设计

图 3-14　卫生间的灯光设计

5. 交通及其他辅助空间灯具配置原则

（1）玄关

玄关处的照度要亮一些，以免给人晦暗阴沉的感觉。主题墙上的中心装饰，在重点照明的衬托下，可以形成玄关的视觉焦点（图 3-15，图 3-16）。

图 3-15　玄关的灯光设计（1）　　　　图 3-16　玄关的灯光设计（2）

（2）走道、过厅和楼梯间

走道、过厅和楼梯间都是过渡空间，一般选择低照度光源，照明应满足基本的功能要求，不宜过于强调照明的装饰性，以免破坏整体效果。灯具应装设在易于维护的地方，要避免眩光，可设节能定时开关或双控开关（图 3-17，图 3-18）。

图 3-17　交通走廊的灯光设计　　　　图 3-18　过厅的灯光设计

【实践活动】

根据家居平面布置草图，明确需要普通照明、重点照明、装饰照明的区域，用 1:50 的比例绘制天花灯具布置草图（参考图 3-19）。

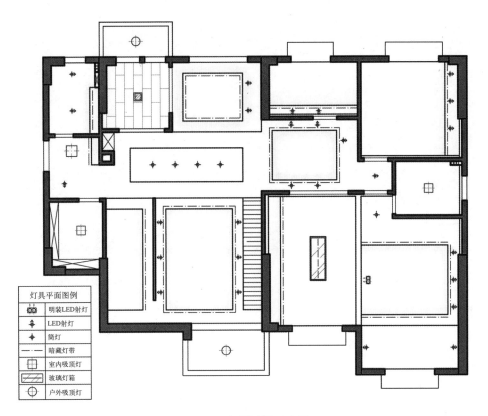

灯具平面图例

明装LED射灯
LED射灯
筒灯
暗藏灯带
室内吸顶灯
玻璃灯箱
户外吸顶灯

图 3-19　灯具配置示意图

【活动评价】（表 3-3）

表 3-3

序号	评分项目	配分	评价主体与权重			得分（100%）	总分
			学生自评（10%）	小组互评（20%）	教师评分（70%）		
1	公共空间灯具配置	40					
2	私密空间灯具配置	30					
3	厨卫空间灯具配置	20					
4	交通及其他辅助空间灯具配置	10					
	评价人签名						

项目 4
界面设计

【项目概述】

通过该项目的实践，学生能绘制客厅、主卧室、书房等室内效果图；能正确绘制立面图；能根据功能区域的不同需要进行天花设计；会根据功能区域的不同需要进行地面设计。

任务 1　界面设计常用手法

【任务描述】

通过该任务的实践，学生能选择一个主要空间绘制一点透视，能说明界面设计各要素及其相互关系，能辨别空间主要和次要的界面；能说明突出重点界面和次要界面常用的设计手法；能说明绘制一点透视图的明暗处理方法；懂得常用色彩的搭配。

【任务实施】

1. 布置任务

（1）根据主题风格，确定立面造型、材质、色彩等。

（2）根据项目二完成的平面布置草图，和项目三绘制的灯具布置图，选择客厅、卧室和书房等空间，绘制一点透视图。

2. 教师讲解示范案例

（1）根据视点绘制一点透视草图

图 4-1 是一个 5.8m×4.6m 客厅平面图,在界面设计中,墙面所占的面积大,是决定空间形象的主要因素之一。在这四个墙面中,我们先选出设计的主立面和另外一个次重点面。在客厅中,我们往往选择电视机墙面作为一个重点设计的界面,沙发所在的面是次重点。我们在确定一点透视时,室内的视平线高通常取 1m,灭点一般不放在正中间位置,偏向沙发所在的面,避免左右两个侧面所占的分量一样(图 4-1)。

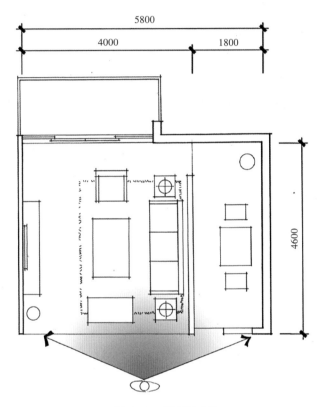

图 4-1 客厅平面图

◆ 按照一定比例画出室内空间宽度 *AB*,高度 *BC*。连接 *ABCD* 四点。

◆ 在 *BC* 间高度 1m 的位置画视平线 *EH*。

◆ 在 *EH* 线上确定灭点 *V*,把 *A*、*B*、*C*、*D* 四个点与 *V* 点连接,把线条往外延伸。

◆ 作 *BA* 的延长线,根据比例定出 *P* 点(根据站点与内墙面的距离尺寸决定 *P* 点位置)。

◆ 在 *P* 点与 *EH* 垂直线左侧定出心点 *O*。

◆ 心点 *O* 连接 *P* 点与 *VA* 延伸线相交,得到 *G* 点,绘水平线,这条线也就是人的站点所在的位置。

◆ 在 *AP* 线上与真高线等比例标出进深长度的等分点(图 4-2)。

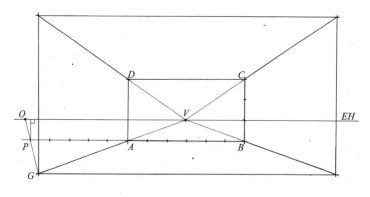

图 4-2　确定灭点和心点

◆　把 *AB* 线均分 6 段，把 *V* 点与各等分点连接，往外延伸。把 *AP* 的等分点与 *O* 点连接，延长至 *AG* 线得到交点，沿着交点绘出水平线（4-3）。

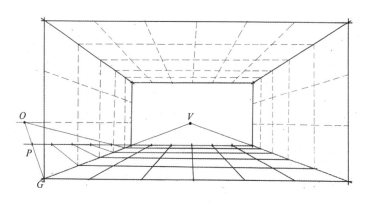

图 4-3　绘制地面和墙面的定位线

◆　根据家具实际摆放位置和尺寸定出地面家具投影线，以同样的方式把立面及天花的造型尺寸在对应的面上定出投影线（图 4-4）。

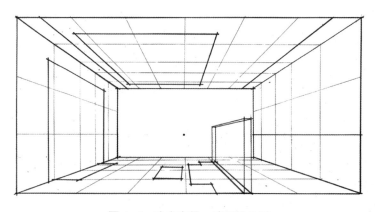

图 4-4　确定家具、造型的位置

◆　根据家具的高度在真高线上定出位置，与 V 点相连，分别延伸与家具在地面投影线的垂直线相交，得到家具的透视线稿。立面和天花造型的凹凸变化，也以同样的方式绘制，最后加上陈设配置等细节。

（2）深化一点透视的线稿

当我们把空间的线框画好，确定了墙面的处理手法之后，配上家具、灯具等陈设品后，在分析整个画面的光影变化的基础上，用线条把明暗关系表现出来，在这个过程中，我们在画面上始终要强调主要界面，突出重点（图4-5）。

图 4-5　用线条表示明暗关系

如果选择沙发墙面做为一个重点设计的界面，视平线上的灭点就要偏向电视墙一侧，这样沙发墙就当做一个重点设计的界面，电视墙就可以处理得相对简洁些。当一个空间有一个墙面是主要设计元素的时候，其他的三个面就要与这个面去协调，不能喧宾夺主，不形成强烈的视觉中心，整体空间既要有一致性，又要有所变化，突出重点。

【学习支持】

1. 界面处理及感受

（1）使用装饰材料

1）装饰材料的作用

A. 保护墙体

装饰材料能保护墙体在室内物理环境较差时，如湿度较高时，不易受到破坏，延长墙体的使用寿命。

B. 装饰空间

墙面装饰能使空间美观、整洁、舒适、富有情趣，突出设计风格，烘托室内气氛（图4-6）。

图 4-6　装饰材料有美化墙面的作用

C. 满足使用

墙面装饰具有隔热、保温和吸声作用，能满足人们的生理要求，保证人们在室内正常工作、学习、生活和休息。

2）装饰材料带来的感受

由于墙面可选用的材料丰富多样，材质之间有颜色、质感的不同，加上灯光的应用，一幅墙面可以呈现出变化丰富的效果。使用材料时应注意以下几点：

A. 装饰材料特性与空间性格相吻合

装饰材料不同的质感能给人带来不同的空间感受，例如采用明亮、华丽、光滑的石材、玻璃和金属等材料，能给人带来豪华、优雅、现代的感觉，天然材料中的木、竹、藤等常给人以亲切感，使人有回归自然的感受（图 4-7，图 4-8）。

B. 装饰材料与距离的关系

同种材料，当与人的距离远近或面积大小不同时，所产生的感觉往往是不同的。人离材料越近对质感的感受越强，越远感受越弱；例如毛石墙面近观显得粗糙，远看则显得较平滑。大空间的室内，宜使用质感明显的装饰材料，使空间显得亲切，小空间的室内，宜使用质感细腻的装饰材料，使空间显得开阔。

C. 装饰材料与使用要求相统一

对不同要求的使用空间，必须采用与之相适应的材料。例如客厅和厨房的墙面应使用不同的材料。对同一空间的墙面、地面和顶棚，也应根据耐磨性、耐污性等不同使用要求而选用合适的材料。

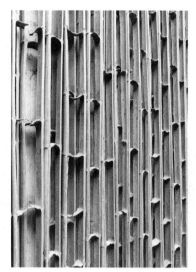

图 4-7　采用石材表达欧式风格的精美　　图 4-8　采用竹表现自然主题

（2）界面上的图案与线条

1）图案

图案是装饰纹样和色彩的组合。图案可改变空间效果，表现特定的气氛和情趣可使空间有明显的个性和意境，能很好地表现某种主题（图 4-9）。根据不同的设计需要，图案可以是绘制的、可以与界面是同种材质的，或者是用不同的材料制作的。

图 4-9　木雕花饰和石材的图案

2）线条

用木、金属等材料对界面进行划分，能产生不同的视觉感受。比如横向线条具有平静安稳的性格特征，均匀排列的水平线条可表达空间的稳定和开阔感，适合用于安静有序的环境。均匀排列的竖向线条可表达空间的韵律感，常使用在严肃端庄的环境中（图4-10）。

图 4-10　使用不锈钢做线条形成重复或渐变的韵律感

A. 均匀划分

这是指使用装饰线条对界面材料进行平均划分，界面上没有形成一个主要的区域（图 4-11）。

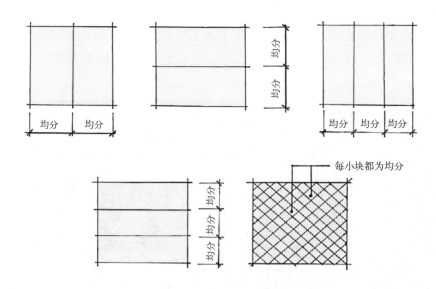

图 4-11　用线条均匀划分墙面

B. 非均匀划分

这是指使用装饰线条对界面材料进行不平均划分，界面上就会形成主要部分和次要部分，面积有大小之分，在图 4-12 中粉色部分因为面积相对大，所以就成为重点部分。

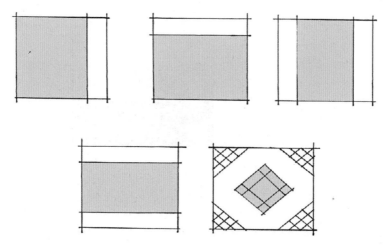

图 4-12　墙面装饰有主次之分

3) 在墙面上增加重点装饰

A. 增加界面凹凸变化

在墙面上设计凹入式的壁龛,使墙面产生凹凸变化,还可结合灯槽、射灯的重点照明,使墙面呈现丰富的光影变化(图 4-13 ～图 4-15)。

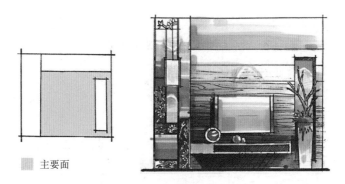

■ 主要面

图 4-13　墙面的造型变化

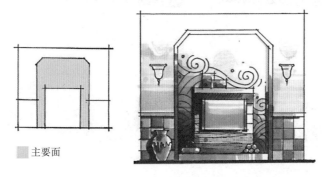

■ 主要面

图 4-14　墙面的造型变化

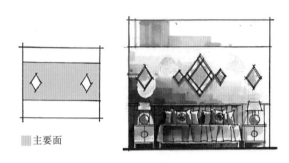

■主要面

图 4-15　墙面的造型变化

B. 增加主题元素

在面积较大的墙面上使用壁画、木雕、带图案的玻璃、挂画等装饰，表现一定的主题，突出主要界面，使空间充满艺术魅力。

C. 绿化墙面

有的墙面由文化石砌成，其上布置绿化陈设，令人赏心悦目。

4）墙面装饰案例

A. 把一幅墙面用带自然纹理的木饰面板进行装饰，给人简洁的印象。

B. 在木饰面板上用两条不锈钢线条划分墙面，墙面给人的感觉是被线条均匀划分为三份。

C. 把中间区域向两边扩大，将中间区域的材质换成带荷花装饰图案的镜面，两边依然使用有自然纹理的木饰面，这样中间部分就成为构图主体，其面积、材质和图案均与其余部分形成对比，界面就有主次之分（图 4-16）。

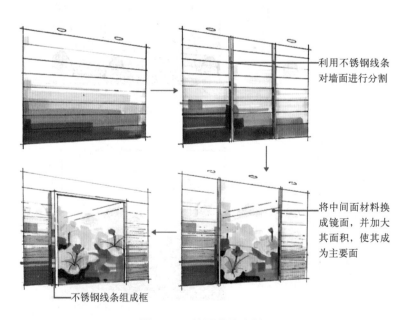

利用不锈钢线条对墙面进行分割

将中间面材料换成镜面，并加大其面积，使其成为主要面

不锈钢线条组成框

图 4-16　墙面装饰案例

（3）常用色彩搭配

在一个设计的元素中，色彩能带给人最直观的感受。在绘制了平面草图，透视线稿之后，要深入了解业主的生活习惯、职业特征和喜好，确定房子的装修风格，选用合适的色彩作为主色调。

1）确定主色调

主色调是指色彩设计中以某一种色彩或某一类为主导色构成色彩环境中的主基调。主调必须反映空间主题，达到某种气氛和环境效果。主色调一旦确定，要占最大的面积，对周围环境起到引导和控制的作用，主导其他色彩的选用和配搭。无论墙面、顶棚、地面，还是家具、陈设的色彩，都要和主调呼应，只有这样，才能使室内环境既格调统一、完整得体，又有较强的感染力。

A.以一种色调为主

（A）红色调

在中国人眼里，红色是热烈、喜庆、吉祥、生命的象征，因此在中式风格的家装中喜欢用红色，中国传统的婚房也多以大红色为主，显得喜庆，表示对新人的祝福。当红色的明度增大，转化为粉红色时，就表现出温柔、雅致、娇嫩、愉快的感情，常常给人以女性化的感觉（图 4-17，图 4-18）。

图 4-17　红色调（1）　　　　　　　　　　图 4-18　红色调（2）

（B）黄（橙）色调

黄色是古代帝王的服饰和宫殿的常用色，给人以辉煌、华贵、尊严、神秘的印象，还可以使人感到光明和喜悦。橙色象征明朗、甜美、温情和活跃，可以使人想到成熟和丰美。黄色与橙色放在一起使用，体现温暖的气氛（图 4-19，图 4-20）。

图 4-19　黄、橙色调（1）　　　　　　　　　　　图 4-20　黄、橙色调（2）

（C）绿色调

绿色令人联想到生命和自然，是一种使人感到轻快和舒适的色彩，具有镇静神经、解除疲劳等作用，用绿色为主色调能很好地突出清新自然、富有生机与活力的田园风格主题（图 4-21，图 4-22）。

图 4-21　绿色调（1）　　　　　　　　　　　图 4-22　绿色调（2）

（D）蓝色调

蓝色是一种冷静的颜色，使人联想到碧蓝的天空和大海，令人感觉沉静、纯洁、安宁、理智，能缓解紧张情绪。当蓝色和白色一起使用时，能很好地表现地中海装修风格的主题（图 4-23，图 4-24）。

图 4-23　蓝色调（1）　　　　　　　　　图 4-24　蓝色调（2）

（E）紫色调

紫色代表着神秘和优雅，紫红色显现出华贵，蓝紫色则突出高傲、冷峻、孤寂。饱和度高的紫色常给人以高贵、庄重、神秘、优雅的感受。当紫色被淡化成淡紫色时，它便表现优雅、浪漫、梦幻、妩媚、含蓄的魅力（图 4-25，图 4-26）。

图 4-25　紫色调（1）　　　　　　　　　图 4-26　紫色调（2）

（F）无彩色系

白色象征神圣、光明、清洁、纯真、平和，黑色使人感到坚实、含蓄、庄严、肃穆，灰色是一种为随和的色彩，可以与任何颜色搭配，朴实大方。以黑、白、灰为主的无彩色系能很好地表现某些特定的主题风格，比如现代简约风格、江南题材风格等（图 4-27，图 4-28）。

图 4-27　无彩色调（1）　　　　　　　　　图 4-28　无彩色调（2）

B. 由两到三种和谐色彩组成主色调

同种色相具有不同明度的色彩，容易调和。如青绿、蓝绿、蓝同属冷色系，红、橙、黄同为暖色系。比如以绿色为主，加入蓝色，成为蓝绿色调，因为这两种颜色都属冷色系，配在一起很容易和谐（图 4-29，图 4-30）。

图 4-29　蓝绿调　　　　　　　　　　　　图 4-30　黄橙调

2）局部产生变化

确定主色调后，先统一整体环境的色彩，配搭其他色彩时，为了不使室内的各种配搭的色彩显得千篇一律，单调、层次关系不清、没有中心点使人产生沉闷感，就要注意色彩的局部变化，可以从以下几个方面来考虑（图 4-31，图 4-32）。

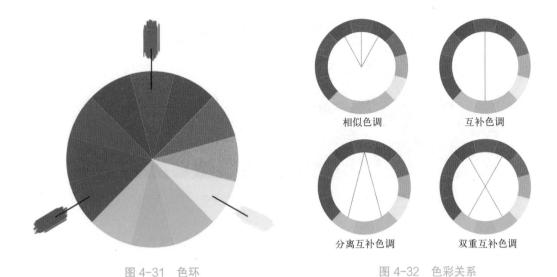

图 4-31　色环　　　　　　　　　　　　　　　图 4-32　色彩关系

A. 用对比色来加强色彩之间的相互关系

在室内环境中如果有个地方出现比较强的色彩对比，将是吸引人注意的。小面积色彩对比有强化主题的作用，既不影响室内的统一和协调，也会增加环境色彩的变化。

（A）同类色相对比（图 4-33，图 4-34）

在色环上，色相距离在 15°以内的对比关系，是最弱的色相对比。

图 4-33　同类色相对比（1）　　　　　　　　图 4-34　同类色相对比（2）

（B）邻近色相对比

色相距离在 15°以上至 45°左右的对比关系，或称近似色相对比，是属于较弱的色相对比（图 4-35，图 4-36）。

图 4-35　邻近色相对比（1）　　　　　　图 4-36　邻近色相对比（2）

（C）对比色相对比

色相距离在 130°左右的对比，是中等的色相对比（图 4-37，图 4-38）。

图 4-37　对比色相对比（1）　　　　　　图 4-38　对比色相对比（2）

（D）互补色相对比

色相距离在 180°左右的对比，是最强的色相对比，如青与橙、红与绿、黄与紫的对比（图 4-39，图 4-40）。

图 4-39　互补色相对比（1）　　　　　　图 4-40　互补色相对比（2）

B. 色彩相互呼应

将同一种色彩，同时应用到几个不同的部位上，从而使这一色彩成为能表达室内主题的关键色。比如，如果我们把同一种色彩同时用于家具、窗帘、地面、墙面，这样其他色彩就明显的弱化了，不会那么抢眼（图 4-41，图 4-42）。

图 4-41　色彩相互呼应（1）　　　　图 4-42　色彩相互呼应（2）

C. 形成色彩节奏感

色彩有规律的布置容易产生节奏感，类似音律的节奏。这种色彩的节奏感不一定要用在大范围的主色调上，可以用于小面积的位置比较接近的地方。比如：在主人卧室的床头区域，一张床、一组床头柜、床头柜的灯具、装饰物、床头主背板、床上靠垫等所用的色彩，可以根据主题风格把它们分成多种层次，在色调基础统一的基础上，通过重复、对比、连续渐变等方法来加强这一部分的色彩效果，突出主人卧室重点要装饰的部分（图 4-43，图 4-44）。

图 4-43　色彩的韵律（1）　　　　　图 4-44　色彩的韵律（2）

D. 灰色的运用

适当地应用灰色能对画面的色彩起着调和的作用，灰色有冷灰、暖灰、绿灰、蓝灰等，即使是暖灰，不同牌子马克笔的颜色也不一样，图 4-45 是 TOUCH 牌马克笔常用的灰色。

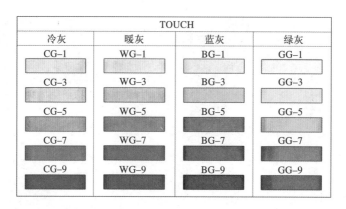

TOUCH			
冷灰	暖灰	蓝灰	绿灰
CG–1	WG–1	BG–1	GG–1
CG–3	WG–3	BG–3	GG–3
CG–5	WG–5	BG–5	GG–5
CG–7	WG–7	BG–7	GG–7
CG–9	WG–9	BG–9	GG–9

图 4-45　TOUCH 牌马克笔常用的灰色

3）家居各空间色彩选用

A. 客厅和餐厅

客厅是家居空间中最重要的社交活动场所，客厅的色彩要能彰显主人的个性，生活的品位，客人一进门便能感受到色彩所带来的热情和温馨，客厅色彩多以明快为主，在整体色调一致的基础上，局部可以有适当的变化。还可以通过一些小的色彩鲜艳的陈设品，和主色调产生对比，增加色彩的变化（图 4-46，图 4-47）。

图 4-46　客厅的色彩（1）

图 4-47　客厅的色彩（2）

餐厅多半是和客厅或起居室相连，所以在餐厅的配色上，要与大空间的主色调相协调。可以通过墙壁上小的装饰、灯光等在局部产生变化，创造出颇具特色的用餐区域（图 4-48）。

图 4-48　餐厅的色彩

B. 卧室

（A）主卧室

中老年的卧室色彩不宜过于浓重，色彩之间的对比不要太强烈，最好以暖色调、以淡雅别致的色彩如乳白、淡黄、绯红、淡紫等色调为主，在装饰配饰上局部可以使用一些比较鲜艳的颜色作为点缀。卧室的灯光不宜过于明亮，灯光的色彩应注意与室内色彩的基调相协调，一起营造优雅宁静的气氛（图 4-49）。

图 4-49　主人卧室的色彩

（B）儿女卧室

儿童喜爱活泼、生动、明朗的色彩，我们可以采用明快活泼的色彩来装饰儿童房，比如用明快的黄色、蓝色等明度和纯度较高的色彩，创造出童话般的环境。到青少年时期，男孩和女孩从心理上到生理上都有着明显改变。男生宜以淡蓝色的冷色调为主，女生的卧室最好以淡粉色等暖色调为主（图 4-50，图 4-51）。

图 4-50　男孩房色彩

图 4-51　女孩房色彩

（C）书房

书房是学习思考的空间，一般应以中性色调的设计为主，色彩不宜过重，色彩之间的对比反差也不应太强烈。陈设配置可以选用色彩独特的字画、笔筒等。一般地面宜采用浅色地板，天花宜选用淡色或白色（图 4-52，图 4-53）。

图 4-52　书房的色彩（1）

图 4-53　书房的色彩（2）

C. 厨房和卫生间

在与整体家居风格相协调的情况下，这两部分空间特别是卫生间的界面也可以选用彩色系，比如使用彩色的瓷砖、带图案的整幅墙面等，使卫生间变得更加有个性（图 4-54，图 4-55）。

图 4-54　厨房的色彩　　　　　　　　图 4-55　卫生间的色彩

2. 整体空间形态设计原则

（1）统一

先确定空间的整体风格，围绕这个主题风格来设计界面造型、家具陈设品等，注意协调好主次关系。图 4-56 是一个日式装修风格的客厅，使用天然竹、木材等装饰材料，采用格子门窗、竹帘子、竹制吊灯、书法等具有日式风格的陈设品来增加室内雅致的气氛。

图 4-56　日式风格客厅

图 4-57 是一个中式装修风格的客厅，采用中式常用带冰裂纹图案的工艺玻璃、木饰面板、中式家具、灯具、织物、绿化陈设都有很鲜明的风格特征，以黄色和红色为主

要色彩，穿插蓝色和绿色等点缀色，整体设计非常统一。

图 4-57　中式风格客厅

（2）变化

在整体风格风格统一的基础上，有时会利用形状、大小、材料机理、色彩等对比关系，产生独特的效果。在图 4-58 所示的单身公寓设计中，通过不同方向的线条、不同形状如矩形和圆形的对比，使空间富于变化。图 4-59 则通过木、藤、玻璃等不同材料质感的对比、光线明暗的变化、对比色的使用，使空间生动起来。

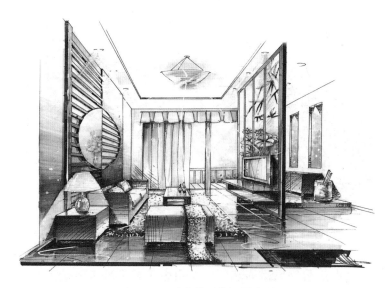

图 4-58　对比关系的运用（1）

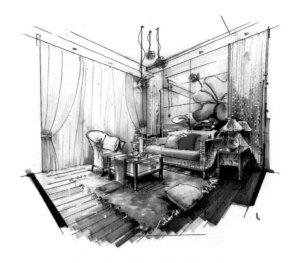

图 4-59　对比关系的运用（2）

【实践活动】

1. 运用一点透视表达客厅的设计构思，完成透视线稿。

2. 推敲墙面的设计，选取合适的主题元素、装饰材料、色彩，完成效果图初稿。

3. 分析图 4-60 中客厅色彩的搭配关系。

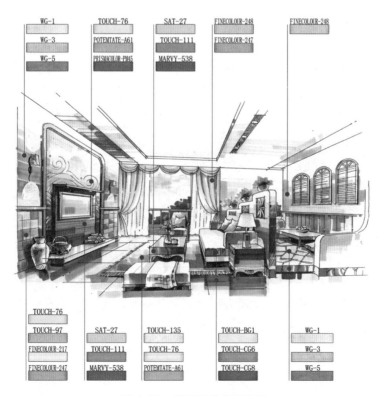

图 4-60　效果图的色彩分析

【活动评价】（表 4-1）

表 4-1

序号	评分项目	配分	评价主体与权重			得分（100%）	总分
			学生自评（10%）	小组互评（20%）	教师评分（70%）		
1	透视形成	40					
2	材质运用	30					
3	色彩搭配	30					
	评价人签名						

任务 2　立面设计

【任务描述】

通过该任务的实践，学生能描述立面图的形成；能说明墙面的宽度、高度、吊顶剖面的表示；能记住相关家具的立面数据；能将透视图转换成立面图；会选用立面材料。

【任务实施】

1. 布置任务

（1）在项目二平面图上确定要画的立面位置、方向，绘制出内视符号。

（2）根据项目四任务一完成的透视草图，绘制立面草图，标注材料。

（3）绘制纵横向剖立面图，其中重点在于卫生间沉箱结构的表达。

2. 教师讲解

（1）结合案例分析公共空间、私密空间、厨卫空间、交通及其他辅助空间立面设计要点。

（2）介绍常用的立面材料，通过分析不同空间的使用要求，选用合适的材料。

【学习支持】

1. 公共空间立面设计要点

（1）客厅

墙面是装饰的重点，可选用的材料比较多，应结合整体风格具体来定（图 4-61）。电视机的背景墙往往是整个客厅的设计重点，应突出主题，形成客厅的视觉中心，客厅的第二个重点装饰的墙面就是沙发背景墙，这两幅墙面可以通过任务一提到的界面设计常用的手法，产生形体、光影、材质、肌理、色彩等各种变化。客厅的设计应考虑梁的影响，可以使用一些设计技巧，如结合梁设置拱门，增加一些装饰梁等。

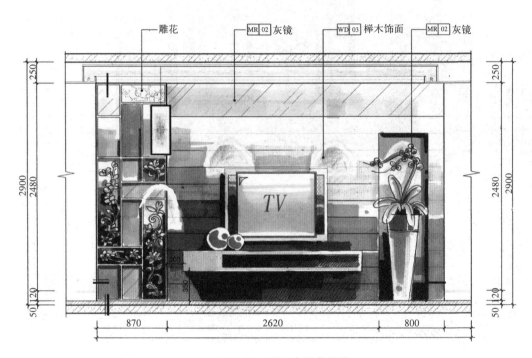

图 4-61　客厅电视背景墙

（2）餐厅

除了在墙上挂装饰画，设置酒柜外，对于面积小的餐厅可以在墙上局部安装镜面玻璃，以扩大空间的视觉感受。

（3）休闲区

休闲区整体风格应与客厅、餐厅相协调，不宜过于强调变化性。在重点要表现的墙上挂装饰物，休闲区中心位置的上部可悬挂装饰灯具，加强局部区域感（图 4-62）。

2. 私密空间立面设计要点

（1）卧室

主卧室、老人卧室、客房墙面的装饰处理应尽量简洁（图 4-63，图 4-64），可以选择床头背景墙面进行重点设计，应选择吸音性、隔音性好的装饰材料，如壁纸、墙布、木饰面板等，有助于营造良好的休息气氛。地面可以局部铺设具有保暖、吸音功能的地毯。

柚木饰面板　　柚木饰面板　　梨木艺术品　　压花玻璃　　沙比利实木门
　　　　　　　　面刷亮光漆　　　　　　　　不锈钢槽

图 4-62　休闲区

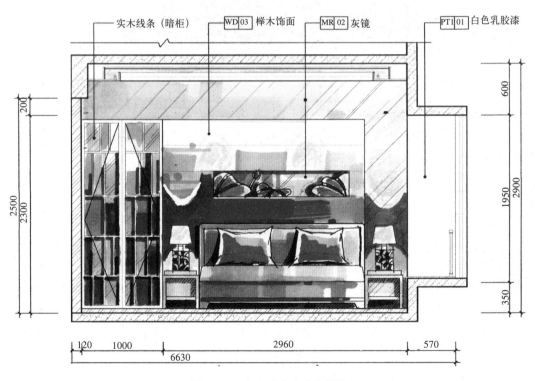

实木线条（暗柜）　　WD 03 榉木饰面　　MR 02 灰镜　　PTI 01 白色乳胶漆

图 4-63　主人卧室床头背景墙

图 4-64　客房

儿女卧室应根据年龄、性别、性格与爱好等进行墙面设计，比如对于儿童，墙面可以绘制色调明快的装饰画，对于青少年房间的墙面，应结合放置书籍、陈设品的搁板层架进行一体化设计。

（2）书房

家居的书房设计要与整个居住空间的气氛相一致。为了体现主人的文化品位，墙面的处理可以考虑用书法或绘画作品来装饰，书柜隔板的设计可以结合陶瓷、古玩、字画、各种工艺品等摆放，富于变化。开敞的书柜和带柜门的书柜相结合，有机地组合在一起。墙壁与顶棚大都采用墙纸、壁毯、乳胶漆等常见装饰材料，地面可采用地毯、木地板等吸声隔热好的材料（图 4-65）。

图 4-65　书房

3.厨卫空间立面设计要点

厨房和卫生间这两部分空间界面宜选用易于清理，防湿、耐热、耐用的材料，厨房操作台面可采用石材等，墙地面多用防滑瓷砖，天花板首先要选用防火、防潮，不易污染的材料。

4.交通及其他辅助空间立面设计要点

（1）玄关

由于玄关的空间往往比较局促，墙面与人的视距很近，容易产生压抑感，设计过程中墙面不易做过多变化，常只作为背景烘托，大部分墙面材料宜与客厅一致，重点部分可通过不同材料的变化加以强调。可选出一块主题面重点加以刻画，切忌重复堆砌，色彩不宜过多（图4-66）。

（2）走道和过厅

家庭装修走道设计可以采用很多手法，比如：在走道上挂字画作为艺术走廊；亦可在墙壁上用毛石等强调材料的肌理，打破沉闷感；还可在墙上做壁龛、局部设计小景点等趣味中心，配合辅助光源一起营造气氛。有时在走道两侧墙面可采用镜面装饰，或是采用玻璃隔断，打破狭长走道带来的压抑感。天花的造型设计和地面材质的铺法也可以改善走道的视觉感受（图4-67）。

图 4-66　玄关

图 4-67　走道

　　过厅在空间和视觉感受上会显得比通道宽阔，墙面应该保持材料和色调的统一，突出过厅内墙面的完整性。可以选择局部进行重点设计，如摆设矮柜、悬挂装饰画等，通过不同材料的变化突出要强调的部分（图 4-68）。

图 4-68　过厅

5. 墙面常用建筑装饰材料（表 4-2）

墙面常用建筑装饰材料　　　　　　　　　　　　　　　　　　　表 4-2

类别	名称	图片	特性	规格（mm）	用途
天然石材	大理石		质地细腻、花纹多变、色泽艳丽，易于加工和磨光，有较高的抗压强度和良好的物理化学性能	300×150 600×300 900×600 1200×900 常用厚度：20	公共空间地面、墙面、柱面、踢脚、楼梯踏步；休息区窗台
	花岗岩		构造密度、硬度大、耐磨、耐压、耐火及耐空气中化学侵蚀。其花纹为均粒、斑驳及发光云母微粒状	300×300 600×600 900×600 1070×750 常用厚度：20	公共空间地面、墙面、柱面、踢脚、楼梯踏步；休息区窗台
	石材线条		由天然石材制作而成，加工成单件或多件组合拼接，形成整体的、连续的石材线条	定做	主要背景墙，踢脚线

类别	名称	图片	特性	规格（mm）	用途
天然石材	板岩		独特的表面提供了丰富多样的设计和色彩，持久耐用、防滑		卫生间、阳台、入户花园墙面、地面，客厅背景墙
	鹅卵石		品质坚硬，色泽鲜明古朴，具有抗压、耐磨耐腐蚀的天然石特性		卫生间、阳台、入户花园墙面、地面
人造石材	水磨石板		具有美观、使用、强度高、施工方便等特点，颜色可任意配制，花色品种多，可在施工时拼铺各种不同图案	300×300 305×305 400×400 500×500	公共空间地面、墙面、柱面、踢脚、楼梯踏步；休息区窗台
	合成石板		重量轻、强度高、耐腐蚀、耐污染、施工方便，装饰图案、花纹、色彩可人为控制确定	2440×750 常用厚度：6，12	公共空间地面，踢脚线
陶瓷	釉面砖		表面平滑、光亮、颜色丰富多彩、图案五彩缤纷；防水、耐火、抗腐蚀、热稳定性良好、易清洗	300×300 400×400 500×500 600×600	厨房、卫生间、餐厅墙面
	墙地砖		具有高光度、高硬度、耐磨性好。吸水率低、色差少、规格多样化、色彩丰富；轻便、质地均匀致密、强度高	300×600 600×600 800×800 900×900 1000×1000	客厅、餐厅、走道、阳台地面，厨房、卫生间墙地面
	陶瓷马赛克		彩色表现丰富、单块元素小巧玲珑，可拼成各种图案风格	20×20 25×25 30×30	厨房、卫生间墙面

续表

类别	名称	图片	特性	规格（mm）	用途
玻璃	镜面玻璃		表面平整光滑、物像透过不变形、透光率大于84%	1830×2440 常用厚度：4～6	各区域墙面、天花
	釉面玻璃		图案精美，不褪色，不掉色，易于清洗，具有良好的稳定性和装饰性，可按用户设计图案制作	3200×1200 常用厚度：5～15	橱柜，厨房、卫生间墙面
	夹丝玻璃		耐冲击性和耐热性好，在外力作用和温度急剧变化时，破而不缺，裂而不散，且具有一定的防火性能	常用厚度：3～19	隔断、墙面
	压花玻璃		由于压花产生的凹凸不平，使光线照射玻璃时产生漫放射而失去透视性，降低透光率，故它透光不透形	常用厚度：2～6，8	隔断
	毛玻璃		由于表面粗糙，使透过光线不易产生漫射，造成透光不透视，使室内光线不炫目、不刺眼		隔断
	彩色玻璃		分透明和不透明两种，可拼成各种图案花纹，并有耐蚀、耐冲洗特点	常用厚度：4～6	隔断、墙面
	彩绘玻璃		通过特殊的工艺过程，将绘画、摄影、装饰图案等直接绘制在玻璃上，色彩逼真		隔断

续表

类别	名称	图片	特性	规格（mm）	用途
玻璃	玻璃砖		分空心和实心两种，有抗压强度高、耐急热急冷性能好、采光性好、耐磨、耐热、隔声、隔热、防火、耐水等特点	115×115×80 145×145×95 190×190×95 240×240×80 240×115×80	隔断
	玻璃马赛克		耐酸碱，耐腐蚀，不褪色，小巧的装修材料，组合变化的可能性非常多	20×20 25×25 30×30	卫生间墙地面，厨房墙面
涂料	乳胶漆		易于涂刷、干燥迅速、漆膜耐水、耐擦洗性好，保色性、耐气候性好		公共空间、私密空间墙面、天花
	肌理涂料		不同材质、不同工艺手法可以产生各种不同的肌理效果。视觉效果上立体感、层次感更强		公共空间、私密空间墙面
	油漆		常温快干、光亮丰满、光彩夺目、硬度高、耐磨		室内家具、门窗、橱柜
壁纸与墙布	壁纸		色彩纯正、健康指数较高、使用寿命长、施工速度快、干净	530×10000 700×10000	公共空间、私密空间墙面
	墙布		具有色彩多样、图案丰富、价格适宜、耐脏、耐擦洗	530×10000 700×10000 2700×3000	公共空间、私密空间墙面

续表

类别	名称	图片	特性	规格（mm）	用途
木质饰面	饰面板		具有木材的优美花纹，充分利用木材资源，降低了成本	1220×2440 常用厚度：2.5、3、3.6	家具、门窗套、踢脚线、门板、背景墙
	实木板		强度坚硬、韧性特佳、利于施工、便于维护；另一方面，纹理精致、色彩温厚、利于塑形、适于雕琢	1220×2440	主要区域墙面、天花
	实木线条		质硬、木质较细、耐磨、耐腐蚀、不劈裂、切面光滑、加工性质良好、油漆性上色性好、粘结性好、钉着力强		天花线、天花角线、墙面线、门线
金属材料	不锈钢		强度大而富于弹性，其耐腐蚀性强，表面光洁度高		墙面局部装饰，踢脚线
	铝合金		质轻、高强、耐蚀、耐磨、刚度大		门窗、活动式隔断、顶棚、阳台、楼梯扶手
	铸铁		铁通过铸锻工艺加工，古朴典雅，充满欧陆情调		欧式铁制品、阳台护栏、楼梯扶手、铁艺门、屏风、壁挂

【实践活动】

1. 绘制客厅、餐厅、主卧室等空间的立面草图。

2. 推敲墙面的设计，选取合适的装饰材料、色彩，深化效果图初稿。

【活动评价】（表 4-3）

表 4-3

序号	评分项目	配分	评价主体与权重			得分（100%）	总分
			学生自评（10%）	小组互评（20%）	教师评分（70%）		
1	立面设计	50					
2	立面图规范	20					
3	材料运用	30					
	评价人签名						

【知识链接】

　　立面图的形成就是建筑物墙面向平行于墙面的投影面上所作的正投影图，若是内部墙面的正投影图，则称为内视（剖）立面图，即室内竖向剖切平面的正投影图，主要表达梁、板、墙体的位置，室内立面造型、门窗、比例尺度、家具陈设、壁挂等装饰的位置与尺寸，装饰材料及做法等（图 4-69～图 4-73）。

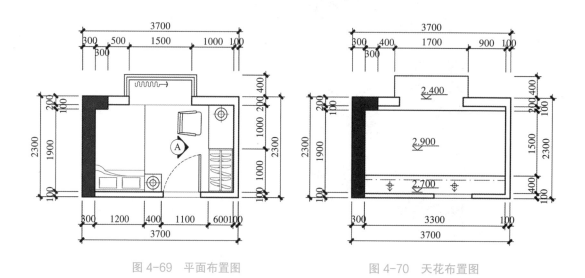

图 4-69　平面布置图　　　　　　　　图 4-70　天花布置图

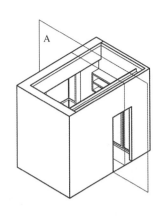 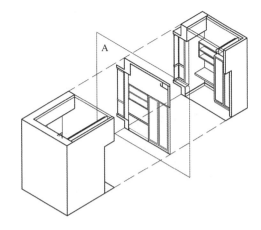

图 4-71　A 剖立面示意　　　　　图 4-72　A 剖立面展开示意

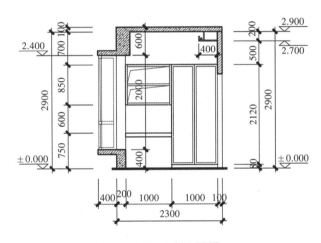

图 4-73　A 剖立面图

任务 3　天花设计

【任务描述】

通过该任务的实践，学生能根据功能区域的不同需要进行天花设计；能描述天花图的形成；能说明板底标高、梁宽及梁高与层高的关系；会正确绘制跃层天花（地面）的剖面图；能处理建筑结构构件（主梁、次梁等）与装饰之间的关系；会选用天花装饰装修材料。

【任务实施】

1. 布置任务

（1）了解家居中不同空间对天花设计的要求。

（2）了解任务书中梁的位置，表示方法。

（3）对影响空间美观的梁，通过设计去弥补不足。

2. 教师讲解示范案例

（1）天花的装饰形式。

（2）天花图生成。

（3）梁的处理。

（4）常用天花材料。

【学习支持】

1. 天花装饰形式

（1）平整式顶棚

这种天花表现为一个较大的平面或曲面，可以是屋顶承重结构的下表面，其上用喷涂、粉刷、壁纸等装饰，也可以是用轻钢龙骨与纸面石膏板、矿棉吸声板等材料做成平面或曲面形式的吊顶。平整式天花构造简单，外观简洁大方，适用于高度较小的室内空间（图 4-74，图 4-75）。

图 4-74　平整式顶棚（1）

图 4-75　平整式顶棚（2）

（2）井格式顶棚

这是由纵横交错的主、次梁或者由井字梁楼盖形成的矩形格网状天花，有些顶棚上的井格是由承重结构下面的吊顶形成的，这些井格的龙骨与板可以用木材制作，其间装饰石膏花饰或彩绘画，生动美观（图 4-76，图 4-77）。

图 4-76 井格式顶棚（1）　　　　　　图 4-77 井格式顶棚（2）

（3）悬挂式顶棚

在承重结构下悬挂各种折板、格栅或其他装饰构件，就形成了悬挂式顶棚。有的灯具以木制格栅或钢板网格栅作为悬挂支撑点，同时又成为空间的主要装饰，有的用竹子或木方为主要材料做成葡萄架，情趣盎然（图 4-78）。

（4）分层式顶棚

一些室内空间的天花常常采用暗藏灯槽，以取得柔和均匀的光线。天花可以做成几个高低不同的层次，与暗藏灯槽的照明方式相适应，与通风口的结合更自然，造型整体显得简洁大方（图 4-79）。

图 4-78 悬挂式顶棚　　　　　　图 4-79 分层式顶棚

2. 天花图生成

天花图采用镜像投影法绘制，其图像中纵横轴线排列与平面图完全一致（图4-80，图4-81）。

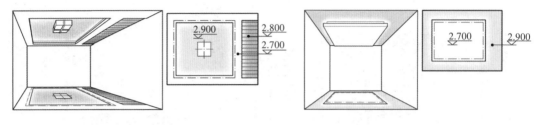

图 4-80　天花图的生成（1）　　　　图 4-81　天花图的生成（2）

3. 梁的处理

假如建筑层高比较低，某个空间中间有一条梁，如果采取平整式顶棚，整体净高就会很低，有种压抑感，可做其他的装饰假梁，对表面进行处理，如贴饰面板、油漆等，形成韵律感，也可将天花进行跌级处理（图4-82）。

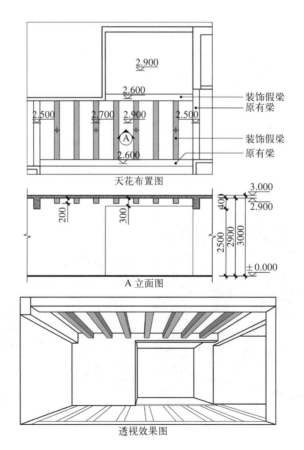

图 4-82　装饰假梁

当空间的美观要求没那么高时，可以选择直接露梁，要注意梁和周边吊顶的关系，在天花图上将相邻的标高标出来（图 4-83，图 4-84）。

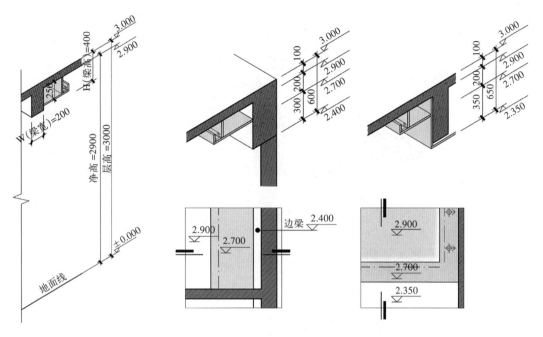

图 4-83　梁与吊顶的关系（1）　　　　　图 4-84　梁与吊顶的关系（2）

4. 常用天花材料（表 4-4）

天花常用材料表

表 4-4

类别	名称	图片	特性	规格（mm）	用途
石膏板	纸面石膏板		质轻、防火、隔音、保温、隔热、加工性强良好、施工方便、可拆装性能好	长：1800 ~ 3600 宽：900、1200 厚：9.5 ~ 21	公共空间、私密空间天花、墙面
	防潮石膏板		具有石膏板的特性，又具有一定的防水性能	长：1800 ~ 3600 宽：900、1200 厚：9.5 ~ 21	厨房、卫生间天花

续表

类别	名称	图片	特性	规格（mm）	用途
石膏板	装饰石膏板		轻质、防火、防潮、易加工、安装简单	500×500×9 600×600×11	各区域天花、墙面、隔断
	石膏线		防火、防潮、保温、隔声、隔热	订制	公共空间、私密空间天花、墙面
纤维板	硅酸钙板		强度高、重量轻，并具有良好的可加工性能和不燃性	2440×1220 常用厚度：4～30	公共空间、私密空间天花、墙面
塑料扣板	PVC扣板		质量轻、防潮湿、隔热保温、不易燃烧、不吸尘、易清洁、可涂饰、易安装、价格低	长：4000、6000 宽：100、200、250、300 厚：7、8.5、9、10、12	厨房、卫生间天花
金属扣板	铝扣板		适温性强、重量轻、强度高、隔声、隔热、防震、防火、色彩丰富、可选性广、板面平整	300×300 300×450 300×600	厨房、卫生间天花

【实践活动】

（1）根据平面布置草图，对天花区域进行划分。

（2）进行天花草图设计（1:50），其中包括灯具配置、天花造型等。

（3）结合梁位图，标注天花的设计标高、装饰材料（参考图4-85）。

（4）识别图4-86中的天花装饰形式及所用的材料。

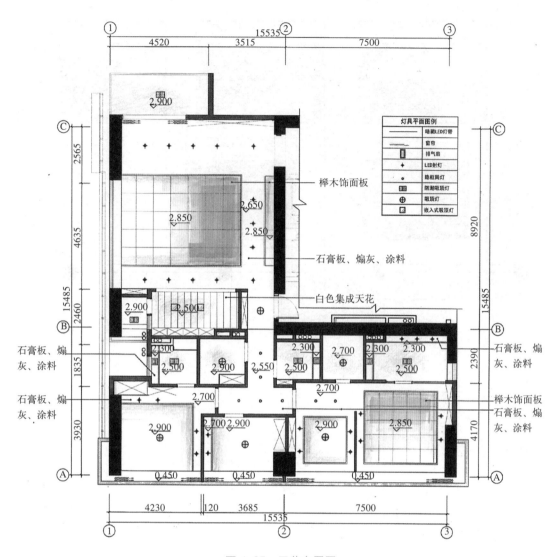

图 4-85 天花布置图

【活动评价】（表 4-5）

表 4-5

序号	评分项目	配分	评价主体与权重			得分（100%）	总分
			学生自评（10%）	小组互评（20%）	教师评分（70%）		
1	天花造型设计	40					
2	梁的处理	40					
3	材料运用	20					
	评价人签名						

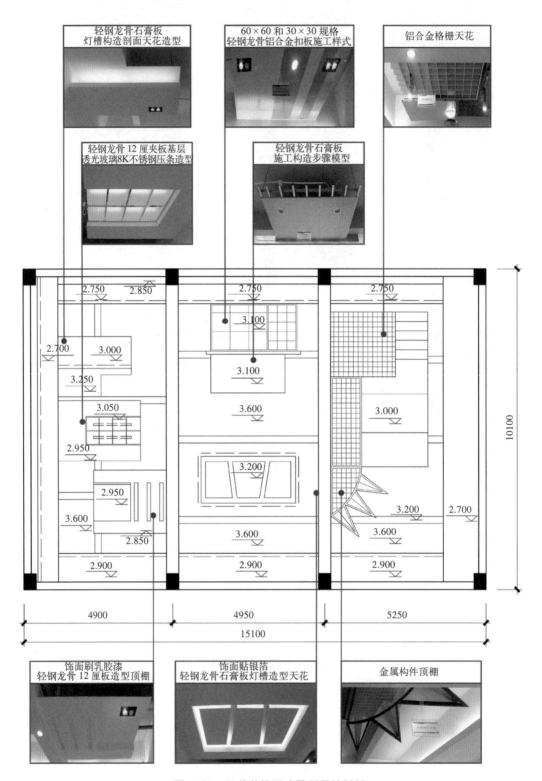

轻钢龙骨石膏板
灯槽构造剖面天花造型

60×60和30×30规格
轻钢龙骨铝合金扣板施工样式

铝合金格栅天花

轻钢龙骨12厘夹板基层
透光玻璃8K不锈钢压条造型

轻钢龙骨石膏板
施工构造步骤模型

饰面刷乳胶漆
轻钢龙骨12厘板造型顶棚

饰面贴银箔
轻钢龙骨石膏板灯槽造型天花

金属构件顶棚

图 4-86　天花装饰形式及所用的材料

任务 4　地面设计

【任务描述】

> 会根据功能区域的不同需要进行地面设计；能说明重点区域的地面常用设计手法；会处理有高差的地面（如用台阶）；会识别卫生间的建筑结构和构造特征，会标注地面标高；会选用地面装饰装修材料

【任务实施】

1. 布置任务

（1）依据平面布置图，确定各个功能区地面高度、形状等。

（2）确定各功能区材料及图案形式。

（3）完成地面铺装图。

2. 教师讲解示范案例

（1）室内地面常见的设计形态。

（2）室内地面的创意设计。

【学习支持】

1. 地面装饰设计

地面由于功能区域划分明确，是室内环境设计的主要组成部分。因此，地面在具备实用功能的同时，还应满足人的审美需求。

（1）地面装饰设计要求

◆　必须保证坚固耐久和使用的可靠性。

◆　应满足耐磨、耐腐蚀、防潮湿、防水、防滑等基本要求。

◆　应具备一定的隔音和保温性能。

◆　地面形状和图案的变化，要结合室内功能区的划分、家具陈设等统一考虑。如客厅沙发处的地面应重点装饰，比如在客厅沙发组下面的地花的精心设计，或是铺设地毯，都会加强会客区的中心围合感（图 4-87）。

图 4-87　客厅沙发处强调地面装饰

（2）常见地面拼花图案

在地面上运用拼花图案设计，可以活跃室内气氛，增加生活情趣。家居地面的图案设计大致可分为三种类型：

◆　强调图案的独立完整性

这种设计手法多用于特殊的限定性空间，例如玄关或过道采用与空间形态相配合的图案，形成相对独立的区域，图案色彩要和整体空间相协调（图 4-88，图 4-89）。

图 4-88　玄关地面装饰

图 4-89　过道地面装饰

◆　强调图案的连续性和韵律感

这种图案具有一定的导向性和规律性，常用于比较完整的空间，色彩和质地要根据空间的性质和用途而定（图 4-90，图 4-91）。

图 4-90　地面图案具有韵律感　　　　　图 4-91　地面图案具有完整性

◆　强调图案的抽象性和自由多变

这种手法常用于不规则或灵活自由的空间，能给人带来轻松自在的感觉，色彩和质地的选择也较灵活（图 4-92）。

图 4-92　地面图案自由多变

2. 卫生间的沉箱结构

这是一种常见的结构类型，卫生间楼板下沉部分可以放置排水管、排污管，面层用防水材料进行处理，通常沉箱结构下沉 0.4m（图 4-93），这时应注意卫生间的标高，其完成面通常比相邻的客厅或其他部分要低 20mm，防止卫生间的积水影响其他空间的使用。

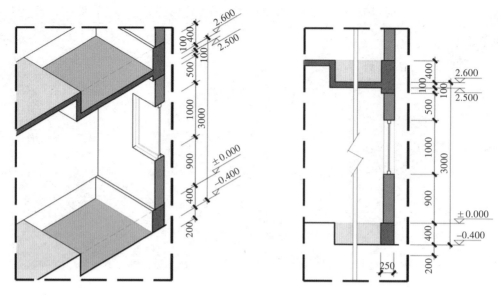

图 4-93　卫生间沉箱结构

3. 常用地面装饰材料

一些常用的墙面装饰材料如天然花岗石、大理石和一些人工石材、陶瓷墙地砖、马赛克、涂料等，也能用在地面上，除此以外还常用到表 4-6 中的材料。

地面常用的材料　　　　　　　　　　　　　表 4-6

类别	名称	图片	特性	规格（mm）	用途
木地板	实木地板		弹性好、脚感舒适、冬暖夏凉、能调节室内温度和湿度	900×90×18 900×125×18	公共空间地面，卧室、书房地面
	软木地板		环保性、隔音性，防潮效果好，带给人极佳的脚感，软木地板柔软、安静、舒适、耐磨	305×915 450×600 常用厚度：11、10.5	卫生间、老人房、儿童房、厨房、书房、卧室、音响室地面
	复合地板		耐磨、美观、稳定、抗冲击、抗静电、耐污染、耐光照、安装方便、保养简单	910×130×15	公共空间地面，卧室、书房地面

续表

类别	名称	图片		特 性	规格（mm）	用 途
地毯	纯毛地毯			手感柔和、弹性好、色泽鲜艳且质地厚实、抗静电性能好、不易老化褪色、吸声能力好		客厅、卧室、书房地面
	化纤地毯			手感类似羊毛地毯，耐磨而富弹性，具有防污、防虫蛀的特点		客厅、卧室、书房地面，卫生间干区地面

设置台阶时，住宅户内楼梯最小宽度不小于 0.22m，最大高度不大于 0.2m，住宅户外的共用楼梯，最小宽度不小于 0.25m，高度不大于 0.18m。

【实践活动】

1. 根据平面功能布置草图，对地面形态进行设计。
2. 标注地面的设计标高、选用的装饰材料，完成平面设计草图。

【活动评价】（表 4-7）

表 4-7

序号	评分项目	配分	评价主体与权重			得分（100%）	总分
			学生自评（10%）	小组互评（20%）	教师评分（70%）		
1	地面图案设计	40					
2	地面标高处理	40					
3	卫生间沉箱处理	20					
	评价人签名						

项目 5
陈设配置

【项目概述】

根据家居陈设配置的需要，会选用合适的家具，会选择配套的陈设品，包括功能性陈设（实用器具、灯饰等）、装饰性陈设（书法、绘画等艺术作品）、室内织物陈设等，会配置植物。

任务 1　家具配置

【任务描述】

通过该任务的实践，学生能说出家具在室内环境中的作用，针对家居几种常见的装饰风格特点，会选用合适类型的家具。

【任务实施】

1. 任务布置
在项目四完成的透视草图基础上，推敲家具的细节。
2. 教师讲解示范案例
（1）家具的作用
（2）家具的布置方法
（3）家具的选型

【学习支持】

1. 家具的作用

（1）家具能满足人们的使用需求

人们在室内空间的各种活动，如日常生活、工作、学习、娱乐、交往等都必须使用家具。根据家具的不同特点，能识别其所在空间的特质。家具的选择、组织和布置都能充分反映出空间的功能，同时展现其内涵和品质。

（2）家具有组织空间的作用

家具的一个重要作用是根据其不同的摆放可以有效地组织空间。家具的布置应根据空间的使用性质及特征，首先明确家具的类型和数量，然后确定布置形式，力求使功能分区合理、动静分区明确、流线通畅便捷，从空间整体格调出发，确定家具的布置格局（图 5-1）。

图 5-1　客厅有多种功能

在家居的客厅中，除了用沙发和茶几，电视围合组成休息、接待、家庭聚谈的起居生活中心外，还可利用餐桌椅划分成就餐区域，通过吧柜和小茶台的设置形成休闲区域等，满足人们的多种使用功能要求，也能有效地组织人们在室内的行动路线（图 5-2）。

图 5-2　圆形元素在客厅中的运用

（3）家具有分隔空间的作用

在家居的一些空间里，使用面积不太大，如果用固定的隔墙来分隔区域，一是减少了房间的使用面积，另一方面也使空间显得封闭，缺乏变化。图 5-3 中的主卧室和书房之间就采取组合柜、电视隔板和玻璃组成的隔断，可以有效地利用空间，保持房间的明亮开敞。

图 5-3　用家具做隔断分隔空间

（4）家具有填补空间的作用

在室内空间中，常常有些难以正常使用的空间，但布置上适合的家具后，能改进原有空间的不足，有时还会产生意想不到的效果。如在角落中设置一个休闲椅，设置一排博古架或花架等（图5-4，图5-5）。

图 5-4　家具有填补空间的作用（1）　　图 5-5　家具有填补空间的作用（2）

（5）家具有营造氛围的作用

不同风格和形式的家具反映着不同民族、地域、历史时期的人文及艺术思想。家具的样式、材料、色彩、制作工艺都对空间环境的营造起着重要的作用。在家居布置中，主人根据自己的爱好及文化修养来选用各种风格特点的家具，满足精神的需求，比如藤艺家具可制造出自然的乡土气息，玻璃和钢木组合的家具能够体现出强烈的现代感。

在家具的选用上要注意以下几点：

◆　家具风格与室内装饰风格统一（图5-6，图5-7）

图 5-6　中式家具与装饰风格统一　　图 5-7　地中海家具与装饰风格统一

◆ 应考虑地域性对家具选型的影响

例如中国南方地区，四季温差较小，潮湿，强调通风，而北方地区，因为天气冷需要有大量的被褥和棉衣，所以家具就要用到高大的衣橱和高箱床来贮藏衣被等物品。

◆ 根据年龄选择家具类型

不同年龄的业主，因在空间中活动特点的不同，对家具的需求也有所不同，如儿童家具的选型就要充分考虑到儿童的生活及活动规律，尺度不宜过大（图5-8）。

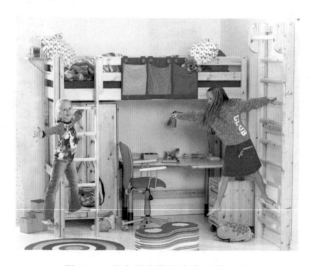

图 5-8　儿童用家具要有合适的尺度

2. 家具设计风格

（1）中式家具

中式家具有着悠久的历史，传统的家具有床、桌、椅、凳、几、案、柜、屏风等，常用的材料有紫檀、楠木、花梨、胡桃木等坚硬细密、色泽优雅的珍贵木材，以榫卯结构为主，装饰手法主要体现在图案雕刻上，其中明代家具以造型简练、结构严谨、装饰适度、纹理优美而著称，成为中国古典家具的代表之一（图5-9 ～图5-11）。

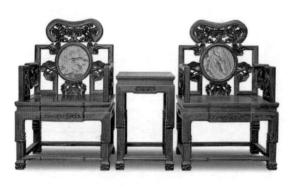

图 5-9　明式家具

图 5-10　新中式家具

就目前设计界探讨得比较多的新中式家具，是指保留传统中的一些基本构筑形式，加以强化处理，突出形式特征，删除琐碎细节，重在讲究符号性和象征性。在材料使用上，除了运用传统的木材，还结合刨花板、中纤板、竹胶板、薄木贴面的开发利用，把其他类型的材料元素，如金属构件、玻璃、皮革、软体等引入家具设计中，体现时尚性（图 5-10）。

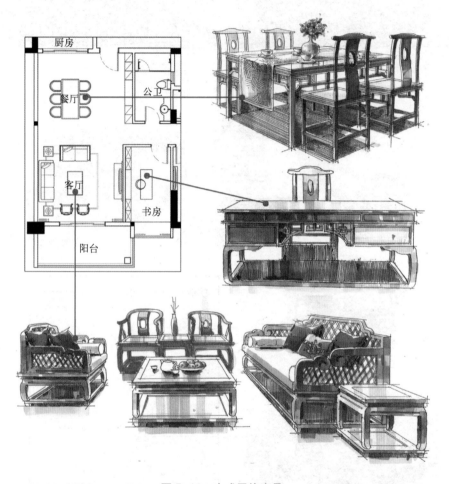

图 5-11　中式风格家具

（2）欧式家具

传统欧式风格家具，根据不同的时期常被分为：古代家具（古埃及、古希腊、古罗马时期）、中古时期家具（仿希腊、罗马时期家具和哥特式家具）、文艺复兴时期家具、巴洛克及洛可可家具、新古典家具等；按照地域文化的不同则分为地中海风格、法国风格、英国风格、北欧风格、美式风格等（图 5-12，图 5-13）。

现代欧式风格家具，在沿袭传统的基础上，保持了常用的元素特点，摒弃了古典家具的繁复，简化了线条，仍然能体现高贵与典雅的气质（图 5-14）。

图 5-12　巴洛克风格家具　　　　　　　　　图 5-13　美式风格家具

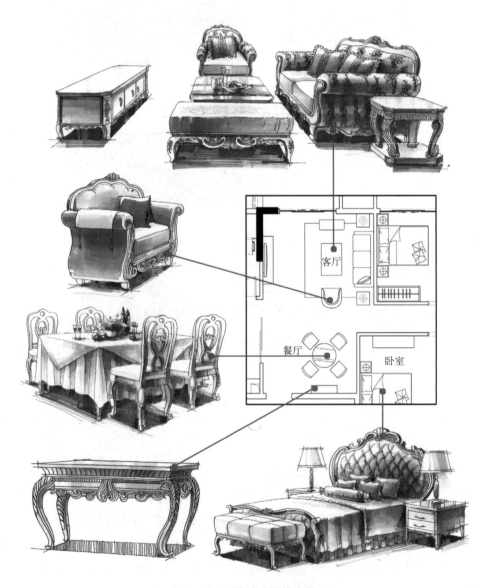

图 5-14　现代欧式风格家具

欧式家具讲究装饰，常可看到各式绣布、流苏及铆钉等装饰物，线条复杂，重视雕工，家具色彩也很有特点。巴洛克风格家具以金色为主色，多用镀金或金箔来装饰，洛可可家具多以米黄、白色为其主色，较为柔和。新古典风格家具偏暖色系，如原木色等。

（3）现代风格家具

现代风格的家具以简约风格的家具为主，在形式上并不依循任何固定的模式，但严格追求完美的比例和良好的视觉效果，外形简洁，极力主张从功能观点出发，着重发挥形式美，突出简洁、实用、美观，兼具个性化（图 5-15）。应工业化大批量生产的需要，用材采用人造板、钢材、玻璃、塑料等，而较少采用自然材料，较少采用榫卯结构，而采用五金件的结构。色彩则常以棕色系列（浅茶色、棕色、象牙色）或灰色系列（白色、灰色、黑色）等中间色为基调色。常见的现代风格有意大利风格、北欧风格家具等（图 5-16，图 5-17）。

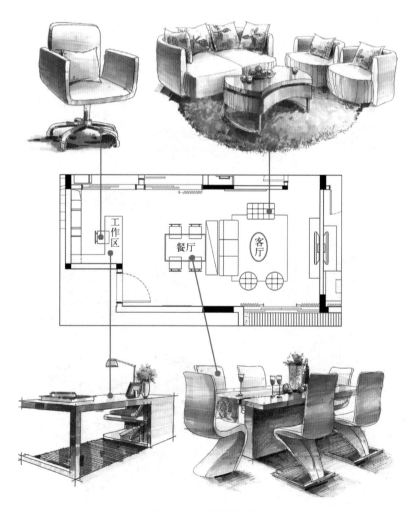

图 5-15　现代风格家具

图 5-16　意大利风格家具　　　　　　　　图 5-17　北欧风格家具

（4）自然田园风格

以天然材料为主制作的家具能体现返璞归真的自然情趣。其中藤制家具具有色泽素雅、透气性好、不含有害物质，体现了绿色环保的概念，深受人们的欢迎（图 5-18）。

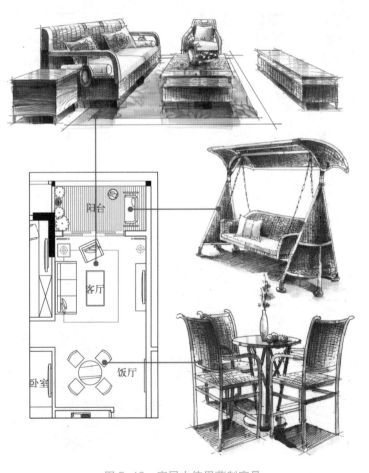

图 5-18　家居中使用藤制家具

　　藤材具有极强的韧性，它能随意排列组合成各种不同轨迹的造型，疏密有致，形成强烈的韵律感，组成丰富多彩的编织图案。藤条围绕骨架编织而成的面，能呈现出不同的自然曲面形态，具有良好的艺术性（图 5-19）。

　　以藤材为主，可以结合其他材料进行合理搭配。比如以木材作为藤制家具的骨架，利用藤皮的韧性加以缠绕，用藤条进行穿插，和木结合的藤制家具温馨自然；以玻璃作为台面，与实体藤材相结合能产生较强的虚实对比；用钢管等金属材料作支撑件，用藤条或藤皮作编织材料，由于材料质感不同带来的碰撞效果，使家具显得别致有趣（图5-20）。

图 5-19　藤制家具

图 5-20　和其他材料搭配的藤制家具

【实践活动】

　　根据平面布置草图、透视草图，根据家居设计主题，选取家具样式，推敲家具的比例、材料、色彩等细节。

【活动评价】（表 5-1）

表 5-1

序号	评分项目	配分	评价主体与权重			得分（100%）	总分
			学生自评（10%）	小组互评（20%）	教师评分（70%）		
1	家具布置	40					
2	风格特点	30					
3	家具搭配	30					
	评价人签名						

任务2　陈设品选用

【任务描述】

> 通过该任务的实践，学生能绘制家居常用的功能性陈设品和装饰性陈设品；能完成主要功能区域的陈设设计。

【任务实施】

1. 布置任务

针对自己的家居设计的主题，结合平面、各界面的设计，说说你应该选用什么样的陈设品。

2. 教师讲解示范案例

（1）室内陈设的类型。

（2）功能性（实用性）陈设。

（3）装饰性（观赏性）陈设。

（4）合理选用陈设品。

【学习支持】

1. 陈设品的作用

在室内环境中，陈设品在满足人们的生活需要、营造室内气氛、调节环境色彩以及丰富空间层次、对使用者气质个性的培养等方面起着至关重要的作用。

（1）强化室内风格特征

每套居室的主人都有自己的职业、个性、爱好、修养，会选择不同的装修风格，也会选择与整体风格相配套的陈设品。比如在一套中式风格的居室里，选用书法、国画、兰花、竹帘、古筝、中式笔筒等陈设品，可以强化中式格调高雅的特征，还可以陶冶人的性情（图5-21，图5-22）。

（2）丰富空间层次

陈设品有丰富空间层次的作用。一些造型独特、风格鲜明、色彩鲜艳的陈设品通过特定的放置，能够在室内空间中起到分隔空间、引导人流等作用（图5-23，图5-24）。

（3）美化环境，调节色彩

现在的住宅多是钢筋混凝土结构，陈设品的选用，能柔化空间，使空间有生机和活力。比如生活器皿、窗帘、植物花卉等，除了满足生活需要外，还起着美化环境，调节室内色彩的作用（图5-25，图5-26）。

图 5-21　中式风格的陈设品（1）

图 5-22　中式风格的陈设品（2）

图 5-23　陈设品有分隔空间的作用（1）

图 5-24　陈设品有分隔空间的作用（2）

图 5-25　陈设品有调节色彩的作用（1）

图 5-26　陈设品有调节色彩的作用（2）

2. 室内陈设的类型

室内陈设包括的内容很多，范围十分广泛，陈设品通常可分为功能性陈设和装饰性陈设两大类。

（1）功能性陈设

功能性（实用性）陈设是指具有一定使用价值，又有一定的观赏性或装设作用的陈设品，比如生活器皿、家用电器、灯具、织物、文体用品等，它们既是人们日常生活的必需品，有很强的实用性，同时又能起到美化空间的作用。

◆　生活器皿

生活器皿包括餐具、茶具、酒具、果盘、储藏盒等，可用木、玻璃、陶土、塑料等多种材料制成。这些生活器皿在满足日常需要的同时，使空间富有浓郁的生活气息（图5-27）。

◆　家用电器

家用电器包括电视机、电冰箱、电脑、电话、音响设备等。这些功能性电器不仅能丰富生活，还能体现出高科技特征，使空间富有时代感。

◆　灯具

灯具是满足室内照明不可少的陈设品，同时又具有很强的装饰性。不同的造型、材质、光色等对室内空间环境气氛都产生很大的影响。

◆　织物

室内常用到的织物可分为地毯、窗帘、用作家具蒙面材料的织物、用作床幔帷帐的织物、用作装饰艺术品及其他用途的织物等几类。织物陈设在室内起到分隔空间、遮挡视线、调节光线的作用，织物色彩图案丰富，装饰性强，是重要的柔化空间、营造温馨氛围的陈设品（图5-28）。

图 5-27　生活器皿　　　　　　　　　　　　　　　图 5-28　织物

◆　文体用品

文体用品包括书籍、文具、乐器、体育健身器材，能反映出主人的爱好和文化修养，使居室展现出独特的个性化气息。

（2）装饰性陈设

装饰性（观赏性）陈设指本身没有多少使用功能而纯粹作为观赏的陈设品，如绘画、雕塑、工艺品等，虽然没有多少物质功能，却能给室内增添艺术情趣，陶冶人的性情，是室内不可缺少的设计元素。

◆　艺术品

艺术品包括绘画、书法、雕塑、摄影作品等，因为有着丰富的内涵，是创造文化气氛、提高品位的装饰性陈设，适宜布置在一些雅致的空间环境中，比如在家居中，书法可以布置在客厅和书房，静物画适合于客厅和餐厅，肖像画则适用于特定的房间。

◆　工艺品

工艺品包括木雕、玉石雕刻、用陶瓷、玻璃、金属等制作的造型工艺品，竹编、草编等编织工艺品，还有剪纸、风筝、面具等民间工艺品，有的精美华丽，有的质朴自然，具有浓郁的乡土气息，有的具有悠久的历史，有的具有浓郁的地方特色（图5-29，图5-30）。

图 5-29　丰富多彩的工艺品　　　　　图 5-30　陈设品能丰富室内环境

◆　收藏品、纪念品

收藏品包括古玩、邮票、CD、动植物标本、奇石、兵器等，能体现主人的兴趣爱好，又能丰富知识、陶冶情操。纪念品包括奖杯、奖章、赠品等，有独特的纪念意义，用这些陈设品来装饰居室，有很强的生活情趣。

◆　观赏动、植物

观赏动物常见的有鸟、鱼，观赏性植物花卉种类则非常多，给居室带来自然气息。选择植物花卉还要考虑房间的朝向和光照条件，要选择那些形态优美、装饰性强、容易在室内成活、季节性不太明显、四季常青的花木，如吊兰、龟背竹、万年青、君子兰、四季海棠等（图5-31，图5-32）。

图 5-31　吊兰、龟背竹、万年青

图 5-32　君子兰、四季海棠

在配置植物时，要把握好它与环境其他形象的比例尺度，尤其是要把植物置于人的视野合适的位置。如大尺度的植物，一般多置于客厅等宽敞空间，中等尺度的植物可放在窗、桌、柜等略低于人视平线的位置，便于人观赏植物的叶、花、果等局部；小尺度的植物一般置于橱柜之顶、搁板之上或悬吊空中。

室内常见的花艺有插花和盆景。插花就是把有观赏价值的枝、叶、花、果经过一定的技术处理和艺术加工，配以相应的花瓶、花篮等组成艺术品。插花分为鲜花插花、干花插花和人造插花。盆景常用植物和山石等素材，可分为树桩盆景和山水盆景两大类，它是自然风景的缩影，极富于诗情画意（图5-33）。

图 5-33　植物陈设

3．陈设品配置原则

（1）满足使用需要

陈列品在配置时，首先要考虑房间的使用需要，便于陈列品的保存。如玻璃等易损坏的工艺品，不应放置在人员活动频繁的地方。

（2）陈列品和家具搭配

陈列品的大小、材料、颜色、造型都要与家具风格相搭配。比如在明式家具的书架上就不宜放置不锈钢等陈列品，在简约风格的家具上放置的陈设品可选用的风格就可以比较多。

（3）注意构图和比例

配置陈设品时，应注意陈设品间构图关系的均衡。对称的均衡给人以严谨、庄重之感，不对称的均衡则能获得生动活泼的效果。同时还应注意陈设品与室内空间的比例关系要恰当，室内陈设品过大，常使空间显得小而拥挤；陈设品过小又使室内空间显得过于空旷，产生不协调的感觉。

4．家居陈设品应用

（1）客厅和餐厅

◆　客厅

不同功能的房间，对陈设品的选用有不同的要求，比如客厅的陈设品选用，要与整体风格相统一，应表达家庭的个性、喜好、文化品位，同时也给人舒适的感受。比如茶几下面铺设图案特别的地毯，既划分出会客聚谈区域，也给人带来舒适的感受；墙上的挂画起了强化风格主题的作用；窗帘、沙发上的靠垫进一步柔化空间，丰富了色彩；茶几上摆放茶具，此外客厅还可以综合运用植物花卉、灯具、书籍等陈设品，表达生活的情趣（图 5-34）。

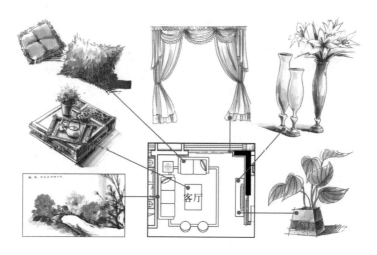

图 5-34　客厅常用的陈设品

◆　餐厅区域

餐厅区域的陈设品，应创造轻松愉快的气氛，有助于人有良好的就餐情绪。可以通过餐桌上方的灯造型具、餐布、餐桌上的餐具、果盘、花卉、烛台、酒柜里的酒具等使餐厅区域的气氛显得更加温馨，有情调（图 5-35）。

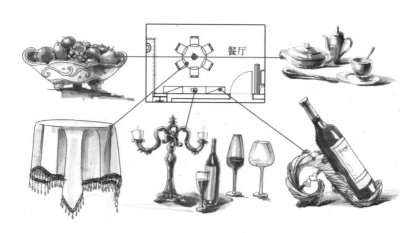

图 5-35　餐厅常用的陈设品

（2）书房

书房应布置得雅致，有文化品味，除常用的文具以外，可选用书法、字画、笔筒、茶具、台灯、插花、古玩、盆栽等陈设品，突出高雅宁静，创造一个良好的学习环境（图 5-36）。

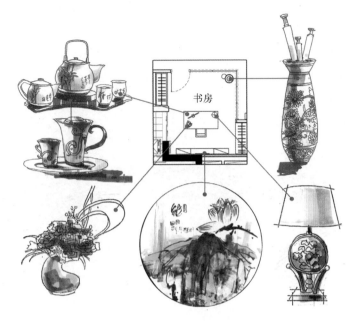

图 5-36　书房常用的陈设品

（3）卧室

卧室的气氛要求宁静舒适，可选用柔软的地毯，既遮光又美观的窗帘，可选用床头柜上的灯具、床头背板墙上的挂画、雕刻、壁毯等主题装饰物、盆栽等陈设品。床上用品包括床单、床罩、枕套、靠枕等，这一部分占的面积大，是卧室中重要的陈设品（图5-37）。

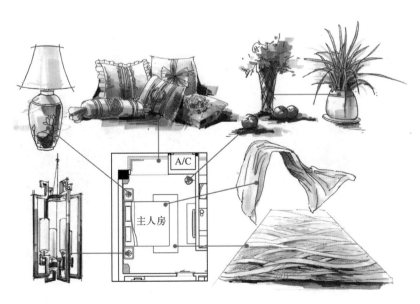

图 5-37　卧室陈设品

【实践活动】

根据透视草图，选取客厅、餐厅、书房、主卧室这几个功能区域，绘制陈设配置图。

【活动评价】（表5-2）

表5-2

序号	评分项目	配分	评价主体与权重			得分（100%）	总分
			学生自评（10%）	小组互评（20%）	教师评分（70%）		
1	陈设布置	40					
2	风格特点	30					
3	陈设搭配	30					
	评价人签名						

项目 6

装饰方案图表现

【项目概述】

能正确绘制平面布置图，包括隔断、家具、设备设施等；能正确绘制顶棚平面图，包括造型、灯具、主要装饰装修材料、标高等；能正确绘制（剖）立面图，包括墙面装饰造型，装饰材料，尺寸、标高等；能正确绘制主要装饰详图，标明细部构件和节点处的形状、尺寸、材料和做法等；能使用马克笔和彩色铅笔上色表现二维图；能够运用绘图水笔、马克笔、彩色铅笔等工具绘制客厅、餐厅、卧室、书房等空间的效果图；能制作建筑装饰设计方案汇报文件。

任务 1 平面布置图绘制

【任务描述】

根据手绘的平面布置草图，能正确绘制平面布置正图，包括隔断、家具、陈设、地面材料分隔线等，并会用彩铅、马克笔等工具进行平面上色。

【任务实施】

1. 绘制铅笔稿

（1）选择二号图纸、根据家居的尺寸大小，确定外轮廓在图纸中所摆放的位置，四边各画出三道尺寸线，应居中布置，确定图名、比例（1：50）的位置，构图均衡、饱满。

（2）绘制定位轴线，为了控制好建筑画面的尺寸，画轴线的同时应画出尺寸线，第一道尺寸线表示外门窗洞口的尺寸；第二道尺寸线表示柱子与柱子（承重墙）之间的距离；第三道尺寸表示建筑总长。

（3）绘制柱子和墙体，画出门窗洞口的位置。

（4）绘制隔墙的位置，画出固定的和可移动的装饰装修造型、隔断、构件、家具、陈设、厨卫设施、灯具以及其他配置、配饰的名称和位置。

（5）标注室内地面设计标高。

（6）标注房间名称，主要地面装饰装修材料的种类、拼接图案、不同材料的分界线、地面装饰嵌条，台阶和梯段，材料种类及名称（图6-1）。

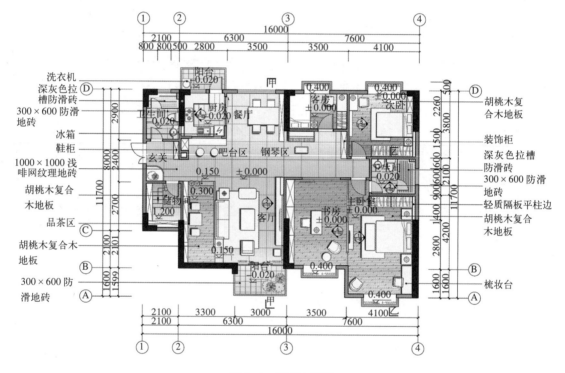

图 6-1 平面布置图

（7）绘制立面剖面、立面索引符号及编号、图纸名称和制图比例，可增加文字说明帮助索引。

（8）常见错误

◆ 构图不均匀，尺寸线距离太近或太远，平行排列的尺寸线的距离，宜为7mm ~ 10mm，并保持一致。

◆ 没有四面都绘制尺寸线，只绘制了两边或三边。

◆ 没有整体概念，从一个局部画起，先画细部，后再补充尺寸线，定位轴线，轴号，导致图面构图不好。

2. 绘制墨线稿

在铅笔稿的基础上绘制墨线时，线型要符合表 6-1 中的相关规定，具体参见图 6-2。

室内装饰图常用线型 表 6-1

名称		线型	线宽	一般用途
实线	粗		b	1. 剖切的建筑构造的轮廓线 2. 剖切的装修构造的轮廓线 3. 构配件详图剖切面轮廓线、图名的底线、详图节点引号、剖切符号
	中		0.5b	1. 立、剖面图建筑构造（包括构配件）的可见轮廓线 2. 装修构造（包括家具详图）的可见外轮廓线
	细		0.25b	1. 图例线、图形线、坐标网线、门窗开启线 2. 尺寸线、尺寸界线 3. 文字说明引出线、索引符号线、标高符号线等
虚线	粗		b	放大部位界线或装修分区界线
	中		0.5b	暗藏灯位置、不可见轮廓线、拟扩建或拟拆除的建筑物轮廓线
	细		0.25b	部分图例线
单点长画线	粗		b	
	中		0.5b	中心线、对称线、定位轴线
	细		0.25b	定位轴线
折断线			0.25b	断开界线
波浪线			0.25b	构造的断开界线

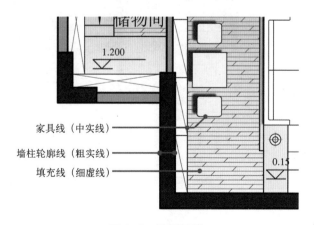

图 6-2　线型示例

3. 用色彩表达平面布置图

平面上色时由于光线原因，家具不受光面会有深色阴影。用深色马克笔上阴影部分的颜色可使家具更为立体。用彩铅、马克笔着重表达主要空间的色彩和明暗关系，如：客厅、主卧室等，其他部分则是次要表现（图6-3）。

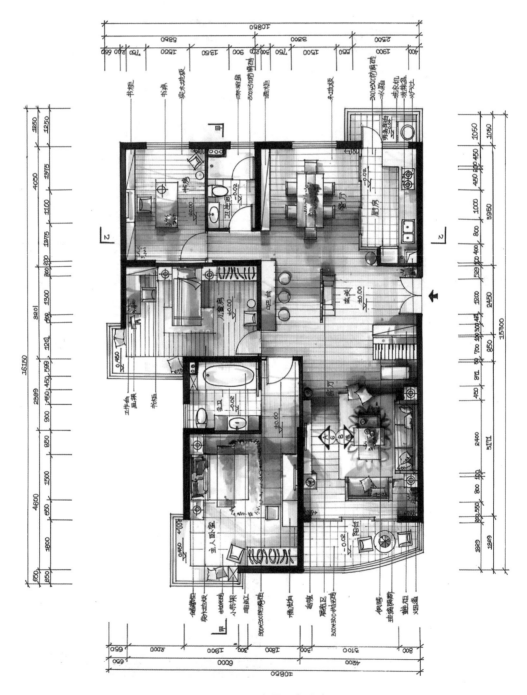

图6-3　平面布置图色彩表现

4. 绘制封面

封面要写明标题、设计说明、目录及小透视等内容，标题用美术字，设计说明用工程字，构图美观，色彩搭配协调，封面设计应与家居整体风格相一致（图 6-4）。

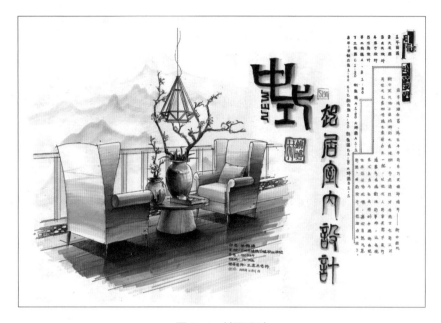

图 6-4　封面设计

【学习支持】

平面布置图图中常用的图例及索引符号有：

1. 常用家具图例（表 6-2）

常用家具图例　　　　　　　　　　　　　　　　　　表 6-2

常用家具图例					
名称		图例	名称		图例
沙发	单人沙发		橱柜	衣柜	
	双人沙发			低柜	
	三人沙发			高柜	

续表

常用家具图例				
名称		图例	名称	图例
椅	休闲椅		床	单人床 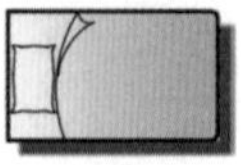
	躺椅	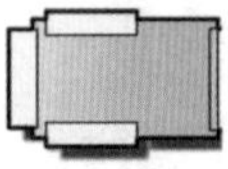		双人床 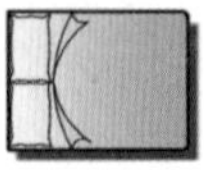

2. 常用洁具、厨具图例（表 6-3）

常用洁具，厨具图例　　　　　　　　　　　　　　　表 6-3

常用洁具、厨具图例				
名称		图例	名称	图例
大便器	坐式		台盆	台式 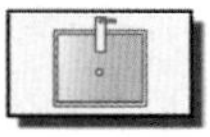
	蹲式			立式 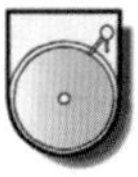
小便器		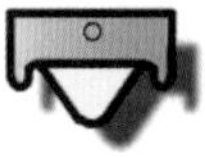	浴缸	长方形 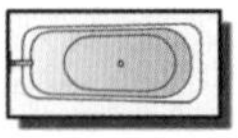
污水池				三角形 
淋浴房				圆形 
水槽	单盆		灶具	单灶 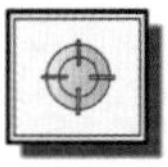
	双盆	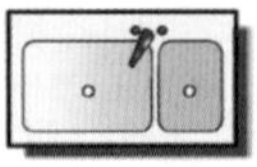		双灶 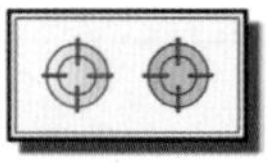

3. 室内常用景观配饰图例（表 6-4）。

室内常用景观配饰图例   表 6-4

室内常用景观配饰图例				
名称	图例	名称		图例
阔叶植物		树桩		
针叶植物		观花	盆景类	
落叶植物		观叶		
地铺	卵石		山水	
	碎石		插花类	

4. 常用索引符号（图 6-5，图 6-6）

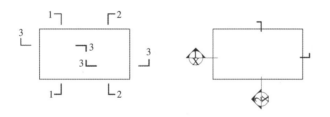

图 6-5　剖切索引符号

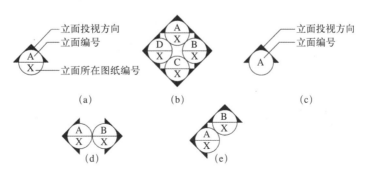

图 6-6　立面索引符号

153

【实践活动】

1. 根据项目二绘制的平面草图，在二号图纸上，绘制平面布置正图。

2. 在墨线图的基础上用彩铅和马克笔等绘图工具进行平面上色。

【活动评价】（表6-5）

表6-5

序号	评分项目	配分	评价主体与权重			得分（100%）	总分
			学生自评（10%）	小组互评（20%）	教师评分（70%）		
1	平面布置	50					
2	制图规范	20					
3	材料等标注	30					
	评价人签名						

任务2　天花平面图绘制

【任务描述】

> 根据手绘的灯具布置图，天花平面草图，能正确绘制顶棚平面正图，包括造型、灯具、主要装饰装修材料、标高等内容。

【任务实施】

1. 铅笔稿的绘制

（1）选出二号图纸，确定外轮廓在图纸中所摆放的位置（居中），四边各画出三道尺寸线，图名、比例（1∶50），灯具常用设备符号示意图的位置。

（2）绘制定位轴线，为了控制好建筑画面的尺寸，画轴线的同时应画出尺寸线，第一道尺寸线表示灯具的中心控制线尺寸及天花造型标高有变化的控制线尺寸；第二道尺寸线表示柱子与柱子（承重墙）之间的距离；第三道尺寸表示建筑总长。

（3）绘制柱子和墙体，天花图上不标示门扇，只需画出门洞边线即可。

（4）绘制天花造型、天窗、构件、装饰垂挂物及其他装饰配置和饰品的位置，标明定位尺寸、标高或高度、材料名称和做法。

（5）留意隔断，家具到顶与不到顶的表示方法。

（6）注出天花标高，选用材料名称，编号及做法，图名，比例（图6-7）。

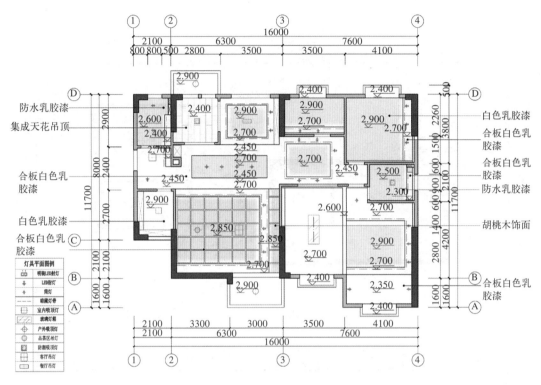

图 6-7　天花平面图

（7）标注所需的构造节点详图的索引号。

2. 墨线的绘制

在铅笔稿的基础上绘制墨线时，线型要符合表 6-1 中的相关规定，具体参见图6-8。

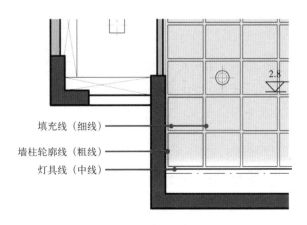

图 6-8　线型示例

3. 用色彩表达天花平面图

天花平面上着色要简单，可以用黄色彩铅把灯具所在的位置表示出来，天花的颜色可以留白（图6-9）。

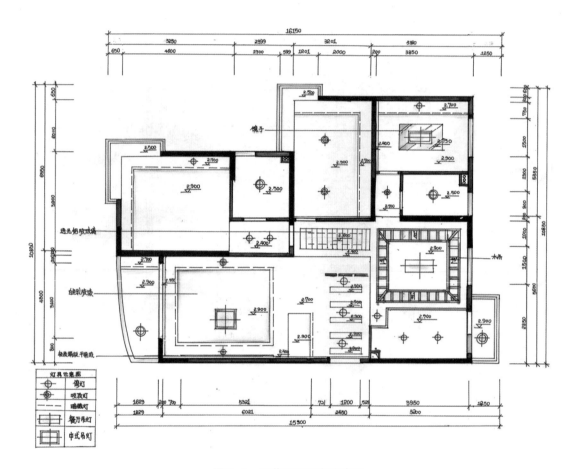

图 6-9　天花平面图色彩表现

【学习支持】

天花平面图中常用的图例及索引符号有：

1. 常用灯光照明图例（表6-6）。

2. 常用设备图例（表6-7）。

【实践活动】

1. 根据项目四绘制的天花草图，在二号图纸上，绘制天花布置正图。

2. 在墨线图的基础上用彩铅和马克笔等绘图工具进行平面上色。

常用灯光照明图例　　　　　　　　　　表 6-6

常用灯光照明图例					
名称	图例	名称	图例	名称	图例
艺术吊灯		吸顶灯		筒灯	
射灯		轨道射灯		格栅射灯	（单头）
格栅荧光灯		暗藏灯带			（双头）
台灯		落地灯		壁灯	

常用设备图例　　　　　　　　　　表 6-7

常用设备图例					
名称	图例	名称	图例	名称	图例
送风口		回风口		侧送风	
排气扇		消防自动喷淋头		侧回风	
安全出口	EXIT	防火卷帘	F	室内消防栓	（单口）
感烟探测器	S	感温探测器			（双口）

【活动评价】（表 6-8）

表 6-8

序号	评分项目	配分	评价主体与权重			得分（100%）	总分
			学生自评（10%）	小组互评（20%）	教师评分（70%）		
1	天花布置	50					
2	制图规范	20					
3	材料等标注	30					
	评价人签名						

任务 3　剖立面图绘制

【任务描述】

　　能正确绘制（剖）立面图，包括墙面装饰造型，装饰材料，尺寸、标高等包括造型、灯具、主要装饰装修材料、标高等，能正确绘制主要装饰详图，标明细部构件和节点处的形状、尺寸、材料和做法等。

【任务实施】

1. 剖面图的绘制步骤

　　（1）剖面图应剖在空间关系复杂，高度和层数不同的部位和重点设计的部位，应表示剖到或看到的各相关部位内容。

　　（2）计算所绘剖面总长度和层高，确定剖面抄绘比例为 1:50。

　　（3）合理安排版面，将两个剖面放在一张二号图上，剩余的地方可以绘大样图。

　　（4）绘制剖面，标注尺寸线，天花有吊顶时画出吊顶，叠级，灯槽等剖切轮廓线，墙面与吊顶的收口形式，可见灯具投影图形等。

　　（5）绘制梁，剖到的墙体所在的位置，门窗的表示。

　　（6）绘制墙面装饰造型及陈设（如壁挂、工艺品等），门窗造型及分格，墙面固定家具、灯具等装饰内容。

　　（7）标注装饰材料的名称，拼接图案，定位尺寸，不同材料的分界等内容。

　　（8）标注两道竖向及水平向尺寸，标注地面，层高的标高。

（9）标注剖面图上的编号，图纸名称和制图比例。（图 6-10，图 6-11）。

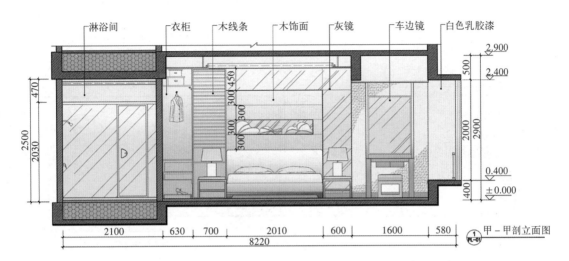

图 6-10　剖面图（1）

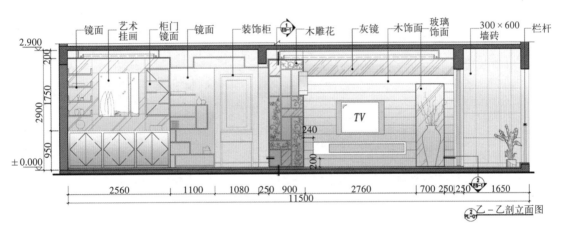

图 6-11　剖面图（2）

2. 立面图的绘制步骤

（1）计算所绘立面总长度和层高，确定剖面抄绘比例为 1 : 30。

（2）合理安排版面，将两个立面放在一张二号图上；剩余的地方可以绘大样图。

（3）绘制立面左右两端的墙体构造或界面轮廓线，标注尺寸线，顶棚有吊顶时画出吊顶，叠级，灯槽等剖切轮廓线，墙面与吊顶的收口形式，可见灯具投影图形等。

（4）绘制墙面装饰造型及陈设（如壁挂、工艺品等），门窗造型及分格，墙面固定家具、灯具等装饰内容。

（5）标注立面上装饰装修材料的种类、名称、施工工艺、拼接图案、不同材料的分界线。

（6）标注两道竖向及水平向尺寸，标注地面，层高的标高。

（7）标注立面投视方向上装饰物的形状，尺寸及关键控制标高。

（8）标注所需的构造结点详图的索引号（图6-12）。

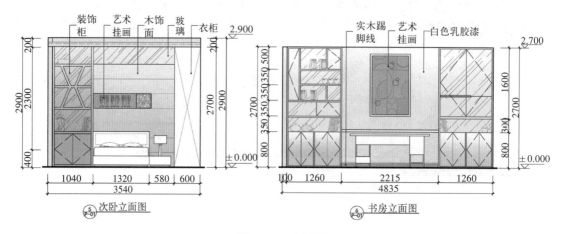

图6-12　立面图

3. 装饰详图和节点图绘制

（1）装饰节点图的绘制规定

◆　标明物体的细部，构件或配件的形状、大小、材料名称及具体技术要求，注明尺寸和做法。

◆　应标注详图名称和制图比例。

（2）装饰节点图的绘制规定

◆　标明节点处构造层材料的支撑，连接的关系，标注材料的名称及技术要求，注明尺寸和构造做法。

◆　应标注节点图名称和制图比例（图6-13）。

4. 墨线的绘制

在铅笔稿的基础上绘制墨线时，线型要符合表6-1中的相关规定，具体参见图6-14。

5. 用色彩表达剖立面图

◆　绘制立面图时不同材料用不同的纹理来表示。着色时用彩铅和马克笔重点表达主要装饰面。

◆　剖立面上色时，围绕着重点部位刻画，周边可以画得简单些，灯光可用彩铅上色，加强画面感。

◆　由于立面装饰构造会有凹凸不同的层次，在灯光照射下，突出的装饰面会在旁边的面上留下阴影。这个阴影部分可用马克笔上色，增强墙面立体效果（图6-15）。

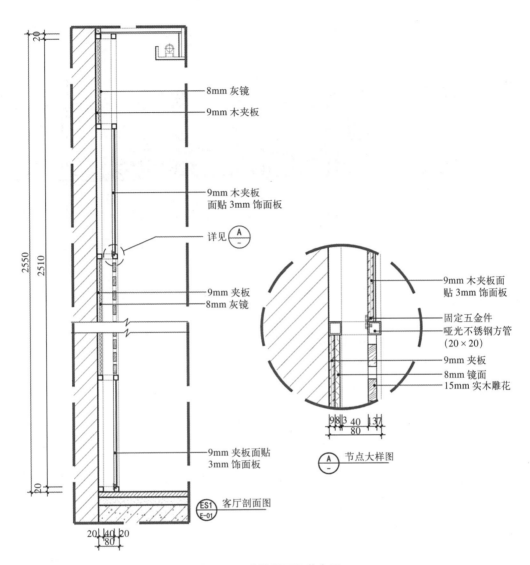

图 6-13　装饰详图和节点图

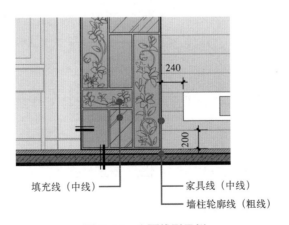

图 6-14　立面线型示例

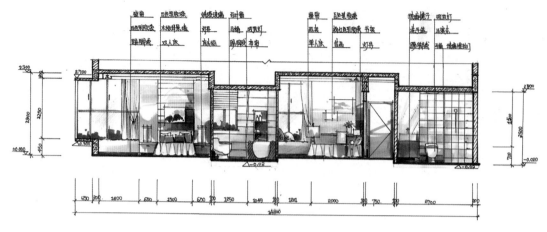

图 6-15　剖立面色彩表现

【学习支持】

（剖）立面图中常用的图例及索引符号有：

1. 常用室内装饰装修材料剖面图例（表 6-9）。

2. 常用室内装饰装修材料立面图例（表 6-10）。

常用室内装饰装修材料剖面图例　　　　　　　　　　　　　表 6-9

图例					
名称	图例	名称	图例	名称	图例
夯实土壤		砂砾石、碎砖三合土		石材	
毛石		普通砖		轻质砌块砖	
轻钢龙骨板材隔墙		饰面砖		混凝土	
钢筋混凝土		多孔材料		纤维材料	
泡沫塑料材料		密度板		实木	
胶合板		多层板			

续表

名称	图例	名称	图例	名称	图例
木工板		石膏板		金属	
液体		玻璃砖		普通玻璃	
橡胶		塑料		窗帘	

常用室内装饰装修材料立面图例　　　　　　　　　表 6-10

常用房屋建筑室内装饰装修材料立面图例					
名称	图例	名称	图例	名称	图例
实木		液体		普通玻璃	
磨砂玻璃		夹层玻璃		镜面	

【实践活动】

1. 根据项目四绘制的（剖）立面草图，在二号图纸上，绘制正图。
2. 在墨线图的基础上用彩铅和马克笔等绘图工具进行上色。

【活动评价】（表 6-11）

表 6-11

序号	评分项目	配分	评价主体与权重			得分（100%）	总分
			学生自评（10%）	小组互评（20%）	教师评分（70%）		
1	立面布置	60					
2	制图规范	20					
3	材料等标注	20					
	评价人签名						

项目 7
单身公寓装饰快题设计

【项目概述】

通过布置给定单身公寓的平面，学生能根据设计任务书要求结合建筑结构与构造、设施与设备特征，能调整和优化建筑空间布局，绘制平面布置图；能绘制客厅、主卧室、书房等室内效果图；能正确绘制立面图；能根据功能区域的不同需要进行天花设计；会根据功能区域的不同需要进行地面设计；能对方案进行快速表现。

任务 1 平面功能布置

【任务描述】

能说明单身公寓各功能分区（会客区，睡眠区，工作区，服务区）与家居功能分区的异同，能记住相关人体工程学数据；能根据设计任务书要求调整和优化空间布局，会布置小空间和复式空间，快速绘制平面草图。

【任务实施】

1. 布置任务

（1）按照所附平面图及题目要求，运用室内设计原理，完成其室内装饰设计；

（2）为一个公寓楼盘设计一间样板房

◆ 公寓楼盘的户型产品，大多为 30 ～ 50 平方米紧凑小户型，主要面对参加工作 3 ～ 5 年，有一定积蓄，第一次置业的中等收入的年轻白领（图 7-1）。

◆ 样板房要求中等档次，装修投入低，风格年轻化而富有个性，符合年轻人的审美特点及其生活，工作，娱乐等方面的基本要求，促使参观者产生购买的欲望。

（3）户型基本信息

◆ 建筑结构，外墙（含门窗），除建筑结构，外墙（含外门窗），厨卫位置，其余内墙可根据设计需要进行合理调整（图7-1）。

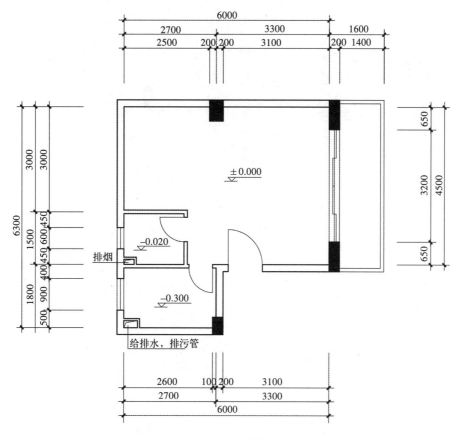

图 7-1 任务书原始平面图

◆ 厨、卫的位置及排污、排水、排烟管道的位置，已在"原建筑平面图"中标明。

◆ 室内天花、梁、卫生间沉箱，已在"原建筑天花图"中标明了尺寸及高度（图7-2）。

2. 教师讲解示范案例

（1）分析示范案例中的平面（图7-3），指出与家居空间有和不同。

（2）分析单身公寓有哪些功能要求。

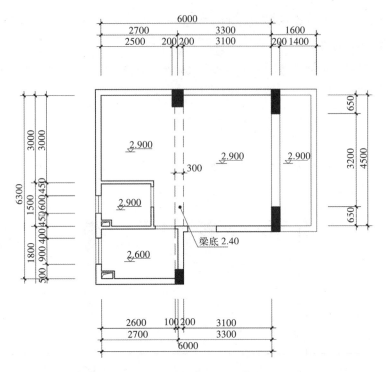

图 7-2　任务书原始天花图

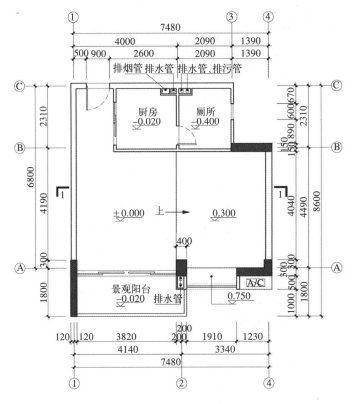

图 7-3　跃层式单身公寓原始平面图

【学习支持】

单身公寓是最近几年发展较快的一种居住类型，其内部通常只有一间房间，一套厨卫。面积小，总价低，满足年龄在 25 ~ 30 周岁未婚年轻人过渡的需要，他们多在市中心上班， 生活节奏快，收入稳定，暂时还不具备足够的经济实力购买大面积的套房。

单身公寓的设计需要在有限的面积内设计出尽可能合理的功能空间，来满足青年人休息、工作、学习、娱乐、社交、储藏、洗浴等要求。与家居空间相比，因为面积小，除了不能设置更多的卧室之外，其基本需求与家居的使用并没有太大的差异。

由于在有限的空间里要满足功能、美观和经济等方面的需求，因此要求设计师使用灵活间隔，用心设计好每一个空间。

1. 平面设计的要点

（1）功能区域划分

平面功能上划分为会客区、睡眠区、工作区和服务区。会客区相当于居住空间的客厅，因为面积小，家具宜选择轻巧些的，如长沙发选用两人座的，减少沙发区的面积，电视机背板可选用轻巧通透的材质，减少体量的厚重感。睡眠区可选用 1.2 米宽，2.0 米长的床，可以和工作区结合在一起。工作区设置书桌，可以和悬挂式书柜组合。

服务区包括厨房，就餐区和卫生间三大部分。因单身公寓居住人口少，在家就餐人数及次数也不多，设计尽可能做开放式厨房，与就餐区、客厅相邻，如果面积很小，可选用折叠式等供两人使用的餐桌。餐区避免与卫生间相对。厨房应选用成套的整体橱柜，增加储藏空间，尽量使用无烟设备如微波炉、电磁炉等。

卫生间是公寓中唯一全封闭的空间，包括洗脸盆、大便器、浴盆三件设施，可以量身定做的整体浴室，使小面积的卫生间具备高质量的洗浴环境。如果公寓没有阳台，还要巧妙地改动卫生间的部分隔墙，安排洗衣机的位置。

设计平面布局时要尽量减少交通面积，提高使用率。功能分区之间不宜用实墙隔开，可用玻璃隔断、特色家具、植物、玻璃鱼缸、地面材料、灯光等进行分隔。使室内有较好的光线，使空间显得宽敞明亮（图 7-4）。

（2）注重收纳储藏的设计

充分发挥上部空间的作用，如果房屋的高度足够高，可利用其多余的高度作出储物柜；其次往下争取，比如将床下的空间设计出抽屉、矮柜；复式、高架地板的阶梯处可设计成抽屉或鞋柜等；利用多功能家具，带抽屉的沙发等家具，来增加房间的储藏收纳的使用面积；如果有阳台，可将洗衣机放置在阳台上。

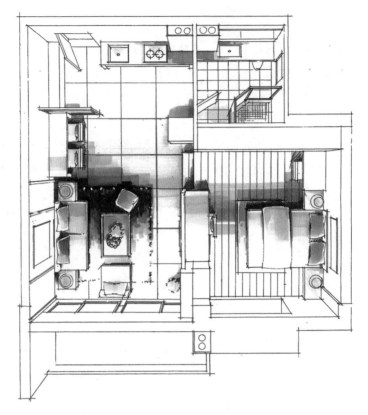

图 7-4　单身公寓示意图

2. 复式平面设计要点

复式是另一种单身公寓的类型，通常一层为客厅、餐厅、公卫及厨房等，二层为卧室及主卫，客厅部分有中空，总层高通常在 4 米多，首层一般层高超过 2.4 米。为单身白领，喜好收藏红酒，希望在一层设置开放式厨房及品酒的吧台，二层卧室兼顾工作功能，要求室内装饰简约时尚，有较高的品质（图 7-5，图 7-6）。

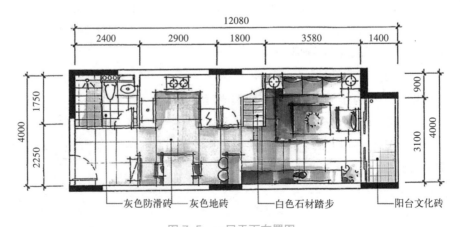

图 7-5　一层平面布置图

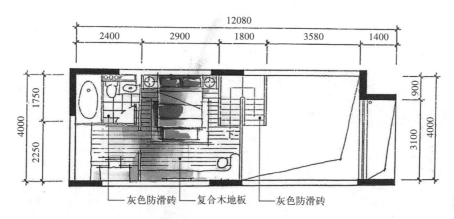

图 7-6 二层平面布置图

【实践活动】

1. 熟悉单身公寓主要功能布局特点，绘制气泡图。

2. 徒手勾画草图，基本确定方案。

3. 使用绘图工具按标准比例绘制平面草图（参考图 7-7）。

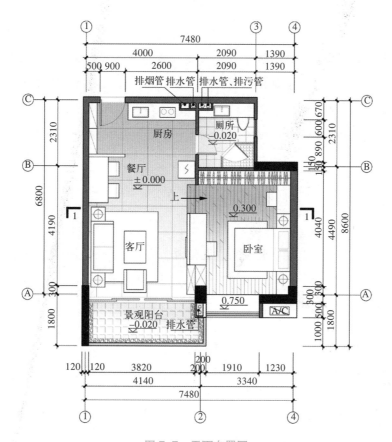

图 7-7 平面布置图

表 7-1

序号	评分项目	配分	评价主体与权重			得分（100%）	总分
			学生自评（10%）	小组互评（20%）	教师评分（70%）		
1	功能分区	50					
2	家具布置	30					
3	材料选用	20					
	评价人签名						

任务 2　界面设计

【任务描述】

通过该任务的实践，学生能快速绘制主要空间的透视；能快速绘制天花图。能将透视图转换成立面图，会选用立面材料。能根据功能区域的不同需要进行天花设计，会正确绘制跃层天花（地面）的剖面图，会选用天花装饰装修材料。

【任务实施】

1. 布置任务

（1）学生绘制立面草图

◆　在任务一平面图上确定要画的立面位置、方向，绘制出内视符号。

◆　根据项目四任务一完成的透视草图，绘制立面草图。

◆　在立面草图上标注材料。

（2）学生绘制天花草图

◆　根据平面布置草图，对天花区域进行划分。

◆　进行天花草图设计（1:50），其中包括灯具配置、天花造型等。

◆　结合梁位图，标注天花的设计标高、装饰材料。

2. 教师讲解示范案例

（1）绘制透视图

（2）绘制立面图

（3）绘制天花图

【学习支持】

1. 绘制透视图

图 7-8 是在图 7-7 平面布置图的基础上，绘制的透视草图。

单身公寓的面积不是很大，在绘制透视图时，要注意开间、高度、进深的比例要准确，常见的错误有：

（1）因为没有确定心点，导致进深画大了。

（2）会客空间按家居大客厅的画法，沙发墙或电视墙将会客空间与休息或餐饮空间完全分隔，没有体现单身公寓空间连续通透的特点。

（3）透视图上没有反映出地面有高差变化时，用台阶连接两边的情况。

图 7-8 透视图

2. 根据透视图绘制立面图

对于跃层设计，要特别留意地面有标高变化的地方，加设台阶时，不可破坏原有的混凝土地面，仔细留意天花有高差变化的分界线具体位置（图 7-9）。

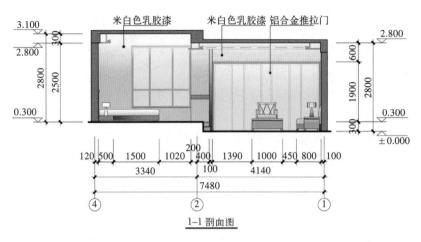

米白色乳胶漆　米白色乳胶漆　铝合金推拉门

1-1 剖面图

图 7-9　剖面图

3. 绘制天花图

（1）分析原始天花图

原始天花图公共区和休息区有跃层，卫生间有沉箱结构，是属于比较复杂的情况，因此要多画剖面，分析清楚标高关系（图 7-10）。

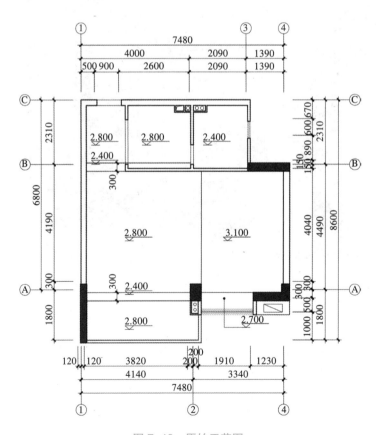

图 7-10　原始天花图

（2）绘制天花平面图（图 7-11）

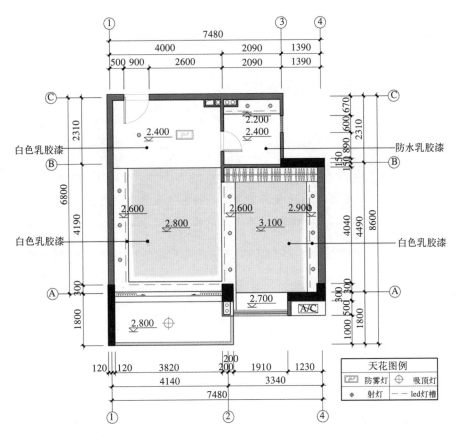

图 7-11　天花平面图

【实践活动】

根据单身公寓的设计任务书，绘制透视草图，立面草图，天花草图。

【活动评价】（表 7-2）

表 7-2

序号	评分项目	配分	评价主体与权重			得分（100%）	总分
			学生自评（10%）	小组互评（20%）	教师评分（70%）		
1	透视图	40					
2	立面图	30					
3	天花图	30					
	评价人签名						

【想一想】

在图 7-7 平面布置图中，能不能把卫生间的门改成从 0.3m 标高卧室这边进入？为什么？厨房、卫生间的室内净高有什么相应的规定？

任务 3　装饰方案图表现

【任务描述】

> 能正确绘制平面布置图，顶棚平面图，（剖）立面图，能够运用绘图水笔、马克笔、彩色铅笔等工具绘制效果图，并能运用构成原理进行排版。

【任务实施】

1. 布置任务

根据单身公寓的设计任务书，完成快题设计。

2. 教师讲解示范

（1）先进行版面设计

在一张二号图上排版，留出写标题、设计说明、平面布置图、天花平面图、剖立面图、绘制透视图的地方，版面设计要求构图饱满、均匀、美观大方。

（2）绘制平面布置图（图 7-5，图 7-6）、天花平面图（图 7-12，图 7-13）、剖立面图（图 7-14，图 7-15）、透视图（图 7-16）。

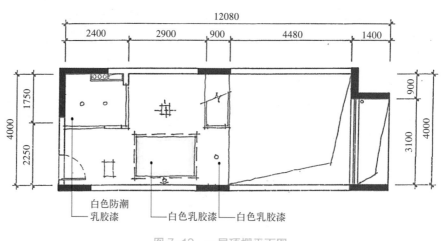

图 7-12　一层顶棚平面图

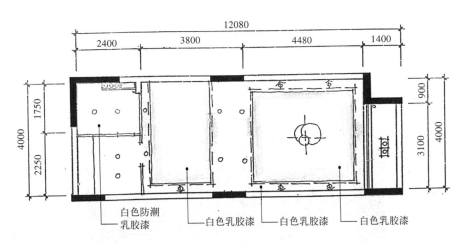

白色防潮乳胶漆　　白色乳胶漆　　白色乳胶漆　　白色乳胶漆

图 7-13　二层天花平面图

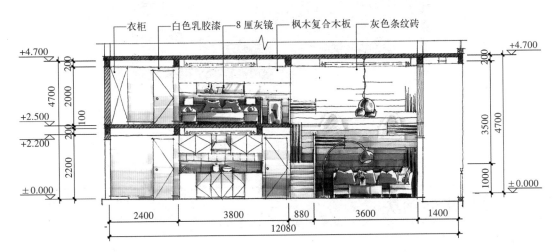

衣柜　　白色乳胶漆　　8厘灰镜　　枫木复合木板　　灰色条纹砖

图 7-14　剖立面图（1）

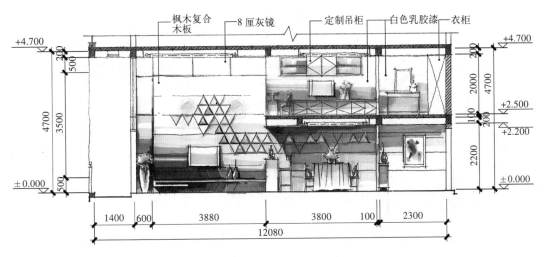

枫木复合木板　　8厘灰镜　　定制吊柜　　白色乳胶漆　　衣柜

图 7-15　剖立面图（2）

图 7-16　透视图

3. 写标题和设计说明，进行版面设计（图 7-17）

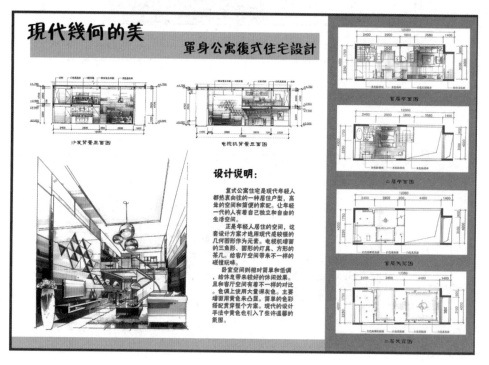

图 7-17　单身公寓快题设计

【实践活动】

根据项目一的平面布置草图和项目二的透视草图、立面草图、天花草图，绘制快速表现正图，写标题和设计说明。

【活动评价】（表 7-3）

表 7-3

序号	评分项目	配分	评价主体与权重			得分（100%）	总分
			学生自评（10%）	小组互评（20%）	教师评分（70%）		
1	平面布置图	30					
2	天花布置图	20					
3	剖立面图	20					
4	透视图	20					
5	标题，设计说明	10					
	评价人签名						

【作品欣赏】（图 7-18）

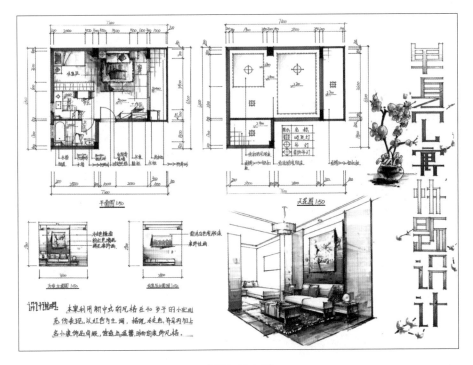

图 7-18（1）

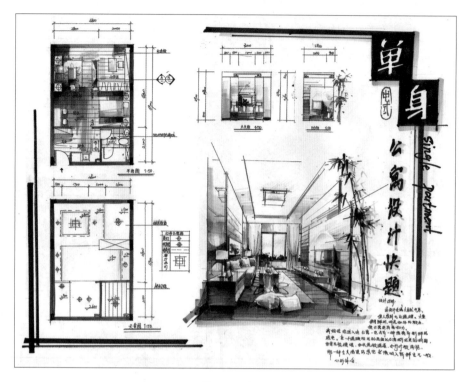

图 7-18（2）

参考文献

[1]　张绮曼，郑曙旸.室内设计资料集[M].北京：中国建筑工业出版社，1991.

[2]　来增祥，陆震玮.室内设计原理（上，下）[M].北京：中国建筑工业出版社，2004.

[3]　庄荣，吴叶红.家具与陈设[M].北京：中国建筑工业出版社，2004.

[4]　向才旺.建筑装饰材料[M].北京：中国建筑工业出版社，2004.